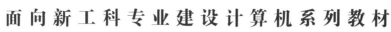面向新工科专业建设计算机系列教材

U0267943

大数据

李联宁 编著

清华大学出版社
北京

内 容 简 介

本书详细介绍了大数据技术的基础理论和最新主流前沿技术,全书共分为 8 章,分别介绍人们目前面临的数字化信息社会的大数据时代、大数据系统的基本架构、大数据系统输入、大数据系统处理、大数据系统输出、大数据分析与数据挖掘、大数据隐私与安全和行业案例研究。

本书主要作为高等院校各专业相关本科生大学通识课的教材,也可以作为培训、职业技术教育的大数据分析技术的专业培训教材,对从事与大数据分析工作的财政、金融、政府管理方面的管理与工程技术人员也有学习参考价值。

本书封面贴有清华大学出版社防伪标签,无标签者不得销售。

版权所有,侵权必究。举报:010-62782989,beiqinquan@tup.tsinghua.edu.cn.

图书在版编目(CIP)数据

大数据/李联宁编著.—北京:清华大学出版社,2020.8(2024.12重印)
面向新工科专业建设计算机系列教材
ISBN 978-7-302-55362-5

Ⅰ.①大… Ⅱ.①李… Ⅲ.①数据处理—高等学校—教材 Ⅳ.①TP274

中国版本图书馆 CIP 数据核字(2020)第 071371 号

责任编辑:白立军
封面设计:杨玉兰
责任校对:梁 毅
责任印制:宋 林

出版发行:清华大学出版社
    网 址:https://www.tup.com.cn,https://www.wqxuetang.com
    地 址:北京清华大学学研大厦 A 座   邮 编:100084
    社 总 机:010-83470000   邮 购:010-62786544
    投稿与读者服务:010-62776969,c-service@tup.tsinghua.edu.cn
    质量反馈:010-62772015,zhiliang@tup.tsinghua.edu.cn
    课件下载:https://www.tup.com.cn,010-83470236
印 装 者:天津鑫丰华印务有限公司
经 销:全国新华书店
开 本:185mm×260mm   印 张:14.25   字 数:334 千字
版 次:2020 年 8 月第 1 版   印 次:2024 年 12 月第 7 次印刷
定 价:39.80 元

产品编号:087621-01

出版说明

一、系列教材背景

人类已经进入智能时代,云计算、大数据、物联网、人工智能、机器人、量子计算等是这个时代最重要的技术热点。为了适应和满足时代发展对人才培养的需要,2017 年 2 月以来,教育部积极推进新工科建设,先后形成了"复旦共识""天大行动"和"北京指南",并发布了《教育部高等教育司关于开展新工科研究与实践的通知》《教育部办公厅关于推荐新工科研究与实践项目的通知》,全力探索形成领跑全球工程教育的中国模式、中国经验,助力高等教育强国建设。新工科有两个内涵:一是新的工科专业;二是传统工科专业的新需求。新工科建设将促进一批新专业的发展,这批新专业有的是依托于现有计算机类专业派生、扩展而成的,有的是多个专业有机整合而成的。由计算机类专业派生、扩展形成的新工科专业有计算机科学与技术、软件工程、网络工程、物联网工程、信息管理与信息系统、数据科学与大数据技术等。由计算机类学科交叉融合形成的新工科专业有网络空间安全、人工智能、机器人工程、数字媒体技术、智能科学与技术等。

在新工科建设的"九个一批"中,明确提出"建设一批体现产业和技术最新发展的新课程""建设一批产业急需的新兴工科专业"。新课程和新专业的持续建设,都需要以适应新工科教育的教材作为支撑。由于各个专业之间的课程相互交叉,但是又不能相互包含,所以在选题方向上,既考虑由计算机类专业派生、扩展形成的新工科专业的选题,又考虑由计算机类专业交叉融合形成的新工科专业的选题,特别是网络空间安全专业、智能科学与技术专业的选题。基于此,清华大学出版社计划出版"面向新工科专业建设计算机系列教材"。

二、教材定位

教材使用对象为"211 工程"高校或同等水平及以上高校计算机类专业及相关专业学生。

三、教材编写原则

（1）借鉴 *Computer Science Curricula* 2013（以下简称 CS2013）。CS2013 的核心知识领域包括算法与复杂度、体系结构与组织、计算科学、离散结构、图形学与可视化、人机交互、信息保障与安全、信息管理、智能系统、网络与通信、操作系统、基于平台的开发、并行与分布式计算、程序设计语言、软件开发基础、软件工程、系统基础、社会问题与专业实践等内容。

（2）处理好理论与技能培养的关系，注重理论与实践相结合，加强对学生思维方式的训练和计算思维的培养。计算机专业学生能力的培养特别强调理论学习、计算思维培养和实践训练。本系列教材以"重视理论，加强计算思维培养，突出案例和实践应用"为主要目标。

（3）为便于教学，在纸质教材的基础上，融合多种形式的教学辅助材料。每本教材可以有主教材、教师用书、习题解答、实验指导等。特别是在数字资源建设方面，可以结合当前出版融合的趋势，做好立体化教材建设，可考虑加上微课、微视频、二维码、MOOC 等扩展资源。

四、教材特点

1. 满足新工科专业建设的需要

系列教材涵盖计算机科学与技术、软件工程、物联网工程、数据科学与大数据技术、网络空间安全、人工智能等专业的课程。

2. 案例体现传统工科专业的新需求

编写时，以案例驱动，任务引导，特别是有一些新应用场景的案例。

3. 循序渐进，内容全面

讲解基础知识和实用案例时，由简单到复杂，循序渐进，系统讲解。

4. 资源丰富，立体化建设

除了教学课件外，还可以提供教学大纲、教学计划、微视频等扩展资源，以方便教学。

五、优先出版

1. 精品课程配套教材

主要包括国家级或省级的精品课程和精品资源共享课的配套教材。

2. 传统优秀改版教材

对于已经出版过的优秀教材，经过市场认可，由于新技术的发展，给图书配上新的教学形式、教学资源，计划改版的教材。

3. 前沿技术与热点教材

反映计算机前沿和当前热点的相关教材，例如云计算、大数据、人工智能、物联网、网络空间安全等方面的教材。

六、联系方式

联系人：白立军

联系电话：010-83470179

联系和投稿邮箱：bailj@tup.tsinghua.edu.cn

"面向新工科专业建设计算机系列教材"编委会

2019 年 6 月

系列教材编委会

主　任：

　　张尧学　清华大学计算机科学与技术系教授　中国工程院院士/教育部高等
　　　　　　学校软件工程专业教学指导委员会主任委员

副主任：

　　陈　刚　浙江大学计算机科学与技术学院　　　　　　院长/教授
　　卢先和　清华大学出版社　　　　　　　　　　　　　常务副总编辑、
　　　　　　　　　　　　　　　　　　　　　　　　　　副社长/编审

委　员：

　　毕　胜　大连海事大学信息科学技术学院　　　　　　院长/教授
　　蔡伯根　北京交通大学计算机与信息技术学院　　　　院长/教授
　　陈　兵　南京航空航天大学计算机科学与技术学院　　院长/教授
　　成秀珍　山东大学计算机科学与技术学院　　　　　　院长/教授
　　丁志军　同济大学计算机科学与技术系　　　　　　　系主任/教授
　　董军宇　中国海洋大学信息科学与工程学院　　　　　副院长/教授
　　冯　丹　华中科技大学计算机学院　　　　　　　　　院长/教授
　　冯立功　战略支援部队信息工程大学网络空间安全学院　院长/教授
　　高　英　华南理工大学计算机科学与工程学院　　　　副院长/教授
　　桂小林　西安交通大学计算机科学与技术学院　　　　教授
　　郭卫斌　华东理工大学计算机科学与工程系　　　　　系主任/教授
　　郭文忠　福州大学数学与计算机科学学院　　　　　　院长/教授
　　郭毅可　上海大学计算机工程与科学学院　　　　　　院长/教授
　　过敏意　上海交通大学计算机科学与工程系　　　　　教授
　　胡瑞敏　西安电子科技大学网络与信息安全学院院长　院长/教授
　　黄河燕　北京理工大学计算机学院　　　　　　　　　院长/教授
　　雷蕴奇　厦门大学计算机科学系　　　　　　　　　　教授
　　李凡长　苏州大学计算机科学与技术学院　　　　　　院长/教授
　　李克秋　天津大学计算机科学与技术学院　　　　　　院长/教授
　　李肯立　湖南大学信息科学与工程学院　　　　　　　院长/教授
　　李向阳　中国科学技术大学计算机科学与技术学院　　执行院长/教授
　　梁荣华　浙江工业大学计算机科学与技术学院　　　　执行院长/教授
　　刘延飞　火箭军工程大学基础部　　　　　　　　　　副主任/教授
　　陆建峰　南京理工大学计算机科学与工程学院　　　　副院长/教授
　　罗军舟　东南大学计算机科学与工程学院　　　　　　教授
　　吕建成　四川大学计算机学院(软件学院)　　　　　　院长/教授
　　吕卫锋　北京航空航天大学计算机学院　　　　　　　院长/教授
　　马志新　兰州大学信息科学与工程学院　　　　　　　副院长/教授

毛晓光	国防科技大学计算机学院	副院长/教授
明　仲	深圳大学计算机与软件学院	院长/教授
彭进业	西北大学信息科学与技术学院	院长/教授
钱德沛	中山大学数据科学与计算机学院	院长/教授
申恒涛	电子科技大学计算机科学与工程学院	院长/教授
苏　森	北京邮电大学计算机学院	执行院长/教授
汪　萌	合肥工业大学计算机与信息学院	院长/教授
王长波	华东师范大学计算机科学与软件工程学院	常务副院长/教授
王劲松	天津理工大学计算机科学与工程学院	院长/教授
王良民	江苏大学计算机科学与通信工程学院	院长/教授
王　泉	西安电子科技大学	副校长/教授
王晓阳	复旦大学计算机科学技术学院	院长/教授
王　义	东北大学计算机科学与工程学院	院长/教授
魏晓辉	吉林大学计算机科学与技术学院	院长/教授
文继荣	中国人民大学信息学院	院长/教授
翁　健	暨南大学信息科学技术学院	执行院长/教授
吴　卿	杭州电子科技大学	副校长/教授
武永卫	清华大学计算机科学与技术系	副主任/教授
肖国强	西南大学计算机与信息科学学院	院长/教授
熊盛武	武汉理工大学计算机科学与技术学院	院长/教授
徐　伟	陆军工程大学指挥控制工程学院	院长/副教授
杨　鉴	云南大学信息学院	院长/教授
杨　燕	西南交通大学信息科学与技术学院	副院长/教授
杨　震	北京工业大学信息学部	副主任/教授
姚　力	北京师范大学人工智能学院	执行院长/教授
叶保留	河海大学计算机与信息学院	院长/教授
印桂生	哈尔滨工程大学计算机科学与技术学院	院长/教授
袁晓洁	南开大学计算机学院	院长/教授
张春元	国防科技大学教务处	处长/教授
张　强	大连理工大学计算机科学与技术学院	院长/教授
张清华	重庆邮电大学计算机科学与技术学院	执行院长/教授
张艳宁	西北工业大学	校长助理/教授
赵建平	长春理工大学计算机科学技术学院	院长/教授
郑新奇	中国地质大学(北京)信息工程学院	院长/教授
仲　红	安徽大学计算机科学与技术学院	院长/教授
周　勇	中国矿业大学计算机科学与技术学院	院长/教授
周志华	南京大学计算机科学与技术系	系主任/教授
邹北骥	中南大学计算机学院	教授

秘书长：

白立军	清华大学出版社	副编审

数据科学与大数据技术专业核心教材体系建设——建议使用时间

四年级上	分布式系统 与云计算		自然语言处理 信息检索导论	
三年级下	计算理论导论	编译原理 计算机网络	非结构化大数据分析	模式识别与计算机视觉 智能优化与进化计算	信息内容安全
三年级上	数据结构 与算法 II	并行与分布式 计算	大数据计算智能 数据库系统概论	网络群体与市场 人工智能导论	密码技术及安全 程序设计安全
二年级下	离散数学	计算机系统 基础 II	数据科学导论		
二年级上	数据结构 与算法 I	计算机系统 基础 I			
一年级下	程序设计 II				
一年级上	程序设计 I				

FOREWORD

前言

随着全国高校数据科学与技术专业建设的持续推进,国内各高校对应于文科、农科、医科、理科和工科等非计算机专业的学生开设大数据通识课也开始启动。目前市场上出版的大数据技术教科书大多是面向研究型大学的计算机专业教材及面向社会高层次技术人员的技术书籍,多涉及大数据的复杂原理和比较深层的技术,需要较多的技术基础积累,并不适合作为大学生通识课的知识需求。

本书试图在介绍大数据技术的理论基础上对大数据分析最新前沿技术做全面介绍,并给出实际案例及行业解决方案,达到技术全面、案例教学及工程实用的目的。

本书主要分为3部分,共8章,分别按大数据的技术架构分层次详细讲述涉及大数据分析系统的各类相关技术。

第一部分为大数据基础知识,主要包括第1章和第2章。简单介绍人们目前面临的数字化时代与信息社会的状况,大数据的定义和特点、大数据技术基础、大数据的社会价值、大数据的商业应用、大数据的基础架构和大数据网络平台的技术层次等。第二部分为大数据理论与技术,包括第3~7章。主要介绍涉及大数据分析的基本理论与技术基础,按照技术层次分别介绍大数据采集与预处理、大数据存储、大数据计算模式与处理系统、大数据查询、大数据显示与交互、大数据分析与数据挖掘和大数据隐私与安全。第三部分为行业案例,包括第8章。以银行、保险、证券和金融行业为例,介绍涉及大数据分析的理论与技术方法在具体行业中的应用。

本书安排课时为48课时(3学分)。如课时缩减,可在概要叙述第一部分的基础上,主要讲解第二部分第3~6章的内容,第7章和第8章仅作参考性讲解。

书内各章都附有习题,可帮助读者学习理解和实际工程应用。随书配套有开放的全书教学课件(PowerPoint演示文件)以供任课教师使用。

在本书编写过程中,编者参考了国内外大量的大数据技术的书刊及文献资料,主要参考书籍及研究论文在参考文献中列出。但由于大量来自网络的资料未能详尽标注作者及文献资料来源，疏漏之处在所难免，在此一并对书刊文献、科技论文的作者表示感谢。如有遗漏，恳请相应书刊文献作者及时告知，将在书籍再版时列入。如发现本书有错误或不妥之处，恳请广大读者不吝赐教。

编　者

2020 年 2 月

CONTENTS

目录

第一部分　大数据基础知识

第三部分　行业案例

第一部分 大数据基础知识

大数据时代

1.1 数据时代

当今,信息技术为人类步入智能社会开启了大门,带动了互联网、物联网、电子商务、现代物流和网络金融等现代服务业的发展,催生了车联网、智能电网、新能源、智能交通、智能城市和高端装备制造等新兴产业的发展。

现代信息技术正成为各行各业运营和发展的引擎,但这个引擎正面临大数据的考验。各种业务数据正以几何级数的形式爆发,其格式、收集、储存、检索、分析和应用等诸多问题,不再能以传统的信息处理技术加以解决,对人类实现数字社会、网络社会和智能社会带来极大障碍。

1.1.1 大数据时代的到来

2012年以来,大数据(Big Data)一词越来越多地被人们提及,人们用它来描述和定义信息爆炸时代产生的海量数据,并命名与之相关的技术发展与创新。它已经上过《纽约时报》《华尔街日报》的专栏封面,进入美国白宫官网的新闻,现身在国内一些互联网主题的讲座沙龙中,甚至被嗅觉灵敏的证券公司等写进了投资推荐报告。

大数据在物理学、生物学和环境生态学等领域以及军事、金融和通信等行业存在已有时日,却因为近年来互联网和信息行业的发展而引起人们关注。

统计数据显示,2015年,我国大数据产业规模就已达到2800亿元;2016年,我国大数据产业规模就已达到3600亿元;2017年,我国大数据产业规模增长至4700亿元,同比增长超过30%;2018年,我国大数据产业规模达到5400亿元,同比增长约15%。预测在2020年,我国大数据产业规模将突破万亿元。

1.1.2 数据、信息与知识的演进

信息时代进化到大数据时代直接导致知识大爆炸,人们如何更有效地获取知识并形成智慧是值得思考的问题,要解决这个问题,须先弄清楚数据、信息、知识、智慧的概念和它们之间的逻辑关系,并从中找到有章可循的规律,这才是数字化学习的关键所在。

1. 数据应用的4个步骤

其实数据本身不是有用的,必须要经过一定的处理。例如,每天跑步带个手环收集的是数据,网上的网页也是数据,人们称为 Data。数据本身没有什么用处,但数据里面包含一个很重要的东西,那就是信息(Information)。

数据十分杂乱,经过梳理和清洗,才能够称为信息。信息会包含很多规律,我们需要从信息中将规律总结出来,称为知识(Knowledge),而知识能改变命运。从信息中,有人什么也看不到,但有人看到了电商的未来,有人看到了直播的未来。如果从信息中没有提取出知识,天天只看朋友圈,那么只能在互联网滚滚大潮中做个看客。

有了知识,然后利用这些知识去应用于实践,有的人会做得非常好,这叫有智慧(Intelligence)。有知识并不一定有智慧,例如,很多学者有很多知识,根据已经发生的事情可以从各个角度分析得头头是道,但一到实干就不行了,并不能转化成智慧。很多创业家之所以伟大,就是通过获得的知识应用于实践,最后成就了一番事业。

数据的应用分4个步骤:数据、信息、知识和智慧,如图1.1所示。

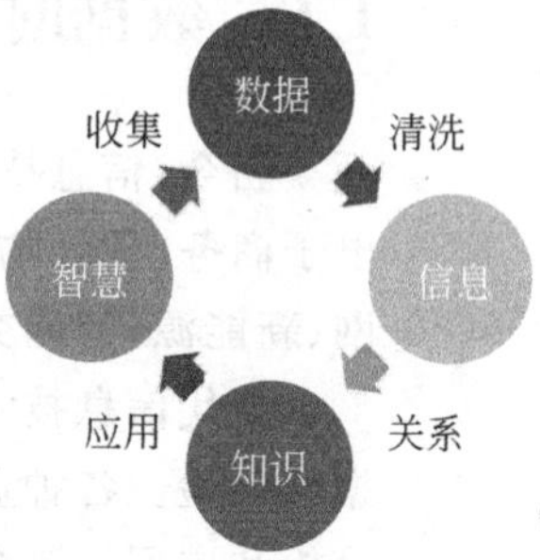

图1.1 数据应用的4个步骤

最终阶段是很多商家都想要的。你看商家收集了这么多数据,能不能基于这些数据来帮助商家做下一步的决策,改善商家的产品。例如,当用户看视频时旁边弹出广告,正好是他想买的东西;当用户听音乐时,推荐一些他非常想听的其他音乐。

用户在我的应用或者网站上随便单击,输入文字对商家来说都是数据,商家就是将其中某些东西提取出来,指导实践,形成智慧,让用户陷入我的应用里面不可自拔。

很多人说"双十一"都想断网了,因为他爱人在网络上不断地买,买了A又推荐B。你说这个程序怎么这么厉害,这么有智慧,比我还了解我爱人,这件事情是怎么做到的呢?

2. 数据如何升华为智慧

数据的处理分5个步骤,这5个步骤完成了最后才会有智慧,如图1.2所示。

第1个步骤是数据的收集,数据的收集有两种方式。

(1)第一种方式是拿,专业点的说法叫抓取或者爬取。例如,搜索引擎就是这么做的:它把网上的所有信息都下载到它的数据中心,然后搜索相关内容才能搜索出来。当搜索时,结果会在屏幕上显示相关内容的页面列表,这个列表为什么会在搜索引擎的公司里面?就是因为公司把数据都拿下来了,单击链接,就会显示相关网页的内容。

(2)第二种方式是推送,有很多终端可以帮助公司收集数据。例如小米手环,可以将每天跑步的数据、心跳的数据和睡眠的数据都上传到数据中心。

第2个步骤是数据的传输。一般会通过队列方式进行,因为数据量实在太大了,数据必须经过处理才有用,但系统处理不过来,只好排好队,慢慢处理。

第3个步骤是数据的存储。现在数据就是金钱,掌握了数据就相当于掌握了金钱。

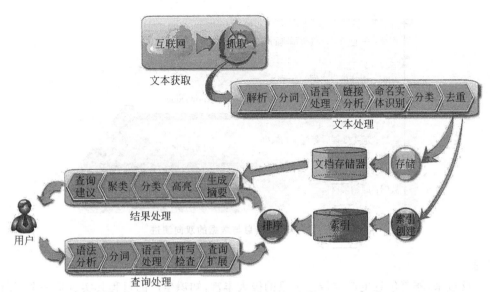

图 1.2　数据如何升华为智慧

淘宝、京东、亚马逊的网站怎么知道你想买什么？就是因为它有你过去的交易数据，这个信息可不能给别人，十分宝贵，所以需要存储下来。

第 4 个步骤是数据的处理和分析。上面存储的数据是原始数据，原始数据大多是杂乱无章的，有很多垃圾数据在里面，因而需要清洗和过滤，才能得到一些高质量的数据。对于高质量的数据，就可以进行分析，从而对数据进行分类，或者发现数据之间的相互关系，得到知识。

例如，盛传的沃尔玛超市的啤酒和尿布的故事，就是通过对人们的购买数据进行分析，发现男人一般买尿布时，会同时购买啤酒，这样就发现了啤酒和尿布之间的相互关系，获得知识，然后应用到实践中，将啤酒和尿布的柜台放得很近，以便促销相关商品，这就是获得了智慧和经验的过程。

第 5 个步骤是对于数据的检索和挖掘。检索就是搜索，就像《三国演义》里描述的那样，现代社会是"外事不决问 Google，内事不决问百度"。内外两大搜索引擎都是将分析后的数据放入搜索引擎，因此，人们想寻找信息时，通过搜索引擎就能实现。

另外就是挖掘，仅仅搜索出信息已经不能满足人们的要求，还需要从信息中挖掘出相互的关系。例如财经搜索，当搜索某个公司的股票时，该公司的高管是不是也应该被挖掘出来呢？如果仅仅搜索出这个公司的股票发现涨得特别好，于是你就去买了，其后高管发了一个声明，对股票十分不利，第二天就跌了，这不是坑害广大股民吗？所以通过各种算法挖掘数据中的关系，形成知识库，十分重要。

整体来看，知识的演进层次是双向演进。知识、信息与数据的双向演进如图 1.3 所示。

从噪声中分拣出数据，转化为信息，升级为知识，升华为智慧。这样一个过程，是信息的管理和分类过程，让信息从庞大无序到分类有序，各取所需。这就是一个知识管理的

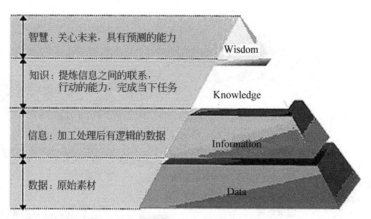

图 1.3　知识、信息与数据的双向演进

过程。

反过来,随着信息生产与传播手段的极大丰富,知识生产的过程其实也是一个不断衰退的过程,从智慧传播为知识,从知识普及为信息,从信息变为记录的数据。

需要明确的是,大数据分析处理的最终目标,是从复杂的数据集合中发现新的关联规则,继而进行深度挖掘,得到有效用的新信息。人们最终目的是从数据到知识,从知识到智慧型的决策,如何从数据中形成智慧是人们进行大数据处理的目标,如图 1.4 所示。

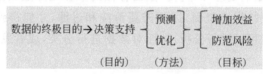

图 1.4　大数据分析处理的目标

对数据有了基础的了解后,透过数据在生活中的应用,就可以进而了解大数据的形态、样式、影响与效益。

1.1.3　数据

数据是指对客观事件进行记录并可以鉴别的符号,是对客观事物的性质、状态以及相互关系等进行记载的物理符号或这些物理符号的组合。总之,数据是可识别的、抽象的符号。

数据不仅指狭义上的数字,还可以是具有一定意义的文字、字母、数字符号的组合、图形、图像、视频和音频等,也是客观事物的属性、数量、位置及其相互关系的抽象表示。例如,学生的档案记录、货物的运输情况等都是数据。数据经过加工后就成为信息。

数据的表现形式还不能完全表达其内容,需要经过解释,数据和关于数据的解释是不可分的。例如,93 是一个数据,可以是一个同学某门课程的成绩,也可以是某个人的体重,还可以是计算机系 2013 级的学生人数。数据的解释是指对数据含义的说明,数据的含义称为数据的语义,数据与其语义是不可分的。

1. 数据的单位

在计算机领域,一个二进制位称为一比特,一般用小写 b 表示;8 个二进制位称一字节,用大写 B 表示。简言之,1B=8b。

计算数据量或数据所需存储空间大小时,习惯用字节为单位(用 B 表示)。

1KB=1024B,1MB=1024KB,1GB=1024MB,1TB=1024GB,1PB=1024TB,1EB=1024PB,1ZB=1024EB。

假设有一首长为 3min 的歌曲录制成 MP3 文件,大小约为 8MB,那么 1ZB 的数据存储空间可存储 MP3 格式的 140 万亿首歌曲,如果全部听一遍,需要 8 亿多年。

计算网络传输速率时习惯上用比特每秒为单位(用 b/s 表示)。1Pb/s 和 1Gb/s 分别代表 1 秒传输的数据是 1Pb 和 1Gb。

网络速率 1Gb/s(此处是小写 b)的情况下,下载一个 2GB(此处是大写 B)的电影,需要 16s;而网络速率 1Pb/s 的情况下,仅需要 0.016ms。

2. 数据类型

整体上人们将数据类型分为结构化数据、半结构化数据和非结构化数据。

1) 结构化数据

结构化数据能够用数据或统一的结构加以表示,如数字、文字和符号。结构化数据严格地遵循数据格式与长度规范,可以是由二维表(有行有列,就像工资表、课程表)结构来逻辑表达和实现。结构化数据主要通过关系数据库进行存储和管理。

例如做一个职工工资系统,要保存员工的基本信息:编号、姓名、应付薪酬和代扣项目等,就会建立一个对应的工资表,如图 1.5 所示。

工 资 表

编号	姓名	应付薪酬			代扣项目						实发工资	领款人签字	备注
		基本工资	交通补助	电话补助	个人所得税	基本养老金	基本医疗	失业保险	住房公积金	小计			
1	周旭	2,500.00	300	200		155	50	10	200	415	2,585.00		总经理
2	侯小丽	2,000.00		100		150	50	10	200	410	1,690.00		财务部
3	敖雪	1,800.00				144	50	10	200	404	1,396.00		办公室人员
4	赵国星	2,400.00	200			153	50	10	200	413	2,187.00		车间管理人员
5	何祥	2,100.00				151	50	10	200	411	1,689.00		车间生产工
6	余勇	2,100.00				151	50	10	200	411	1,689.00		车间生产工
7	郑树力	2,100.00				151	50	10	200	411	1,689.00		车间生产工
8	袁君波	2,100.00				151	50	10	200	411	1,689.00		车间生产工
9	吴君遥	2,450.00	200	100		154	50	10	200	414	2,336.00		销售人员
合计		19,550.00				1,360.00	450	90	1800	3700	16,950.00		
财务主管:				审核:		记账:		制单:					

单位名称: 时间:2012年6月 单位:元(人民币)

图 1.5 工资表

该表即为结构化数据,随着人数的增多,表的结构不会改变,但数据可以不断累加。员工只要入职时填写了个人信息表,这些信息就会被登记到公司员工信息表数据库。

2) 半结构化数据

半结构化数据是介于完全结构化数据(如传统数据库中的数据)和完全无结构化数据

（如声音和图像文件等）之间的数据，网页中使用的文档就属于半结构化数据。它一般是数据的结构和内容混在一起，没有明显的区分。

例如存储员工的简历。不像员工基本信息那样一致，每个员工的简历大不相同。有的员工的简历很简单，如只包括教育情况；有的员工的简历却很复杂，如包括工作情况、婚姻情况、出入境情况、户口迁移情况、政治面貌和技术技能等。还有可能有一些人们没有预料的信息。

3）非结构化数据

非结构化数据是数据结构不规则或不完整，没有预定义的数据模型，不方便用数据库二维逻辑表来表现的数据。包括图像和音频/视频信息等。地图、图片、音频和视频数据就属于非结构化数据。

在很多知识库系统中，为了查询大量积累下来的文档，需要从 PDF、Word、Rtf、Excel和 PowerPoint 等格式的文档中提取可以描述文档的文字，这些描述性的信息包括文档标题、作者和主要内容等。这样一个过程就是非结构化数据的采集过程。

非结构化数据有如下 4 个特点。

（1）有大量的数据需要处理。非结构化数据在任何地方都可以得到。这些数据可以在你公司内部的邮件信息、聊天记录以及搜集到的调查结果中得到，也可以是你对个人网站上的评论、对客户关系管理系统中的评论或者是从你使用的个人应用程序中得到的文本字段，还可以在公司外部的社会媒体、你监控的论坛以及来自于一些你很感兴趣的话题的评论。

（2）蕴藏着大量的价值。有些企业现在正投资几十亿美元分析结构化数据，却对非结构化数据置之不理，在非结构化数据中蕴藏着有用的信息宝库，利用数据可视化工具分析非结构化数据能够帮助企业快速地了解现状、显示趋势并且识别新出现的问题。

（3）不需要依靠数据科学家团队。分析数据不需要一个专业性很强的数学家或数据科学家团队，公司也不需要专门聘请 IT 精英去做。真正的分析发生在用户决策阶段，即管理一个特殊产品细分市场的部门经理，可能是负责寻找最优活动方案的市场营销者，也可能是负责预测客户群体需求的总经理。终端用户有能力，也有权利和动机去改善商业实践，并且视觉文本分析工具可以帮助他们快速识别最相关的问题，及时采取行动，而这都不需要依靠数据科学家。

（4）终端用户授权。正确的分析需要机器计算和人类解释相结合。机器进行大量的信息处理，而终端客户利用他们的商业头脑，在已发生的事实基础上决策出最好的实施方案。终端客户必须清楚地知道哪一个数据集是有价值的，应该如何采集并将获取的信息更好地应用到他们的商业领域。此外，一个公司的工作就是使终端用户尽可能地收集到更多相关的数据并尽可能地根据这些数据中的信息做出最好的决策。

1.2　大数据

1.2.1　什么是大数据

大数据是指无法在一定时间范围内用常规软件工具进行捕捉、管理和处理的数据集合,是需要新的处理模式才能具有更强的决策力、洞察发现力和流程优化能力的海量、高增长率和多样化的信息资产。

大数据一般认可的定义:一种规模大到在获取、存储、管理、分析方面大大超出了传统数据库软件工具能力范围的数据集合,具有海量的数据规模、快速的数据流转、多样的数据类型和价值密度低四大特征,是必须通过深度挖掘、计算、分析才能创造价值的海量信息。

大数据具有 4V 特征:大量(Volume)、多样(Variety)、高速(Velocity)和价值(Value)。

Volume(数据体量巨大):大量交互数据被记录和保存,数据规模从 TB 到 PB 数量级。

Variety(数据类型繁多):结构化数据、半结构化数据和非结构化数据。

Velocity(流动速度快):数据自身的状态与价值随着时空变化而不断发生演变。

Value(价值巨大但密度低):数据的价值没有随数据量的指数级增长呈现出同比例上升。

大数据包括结构化、半结构化和非结构化数据,非结构化数据越来越成为数据的主要部分。据调查报告显示:企业中 80% 的数据都是非结构化数据,这些数据每年都按指数增长。

大数据就是互联网发展到现今阶段的一种表象或特征而已,在以云计算为代表的技术创新大幕的衬托下,这些原本看起来很难收集和使用的数据开始容易被利用起来了,通过各行各业的不断创新,大数据会逐步为人类创造更多的价值。

想要系统地认知大数据,必须要全面而细致地分解它,需要着手从 3 个层面来展开,如图 1.6 所示。

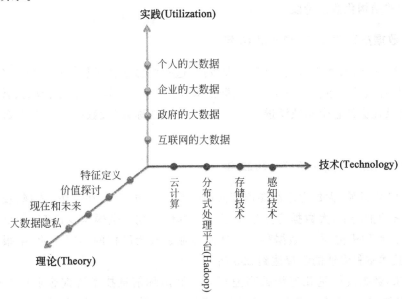

图 1.6　大数据的 3 个层面

第一层面是理论,从大数据的特征定义来理解行业对大数据的整体描绘和定性;从对大数据价值的探讨来深入解析大数据的珍贵所在;从大数据的现在和未来洞悉大数据的发展趋势;从大数据隐私的视角审视人和数据之间的长久博弈。

第二层面是技术,分别从云计算、分布式处理平台(Hadoop)、存储技术和感知技术的发展来说明大数据从采集、处理、存储到形成结果的整个过程。

第三层面是实践,分别从互联网的大数据、政府的大数据、企业的大数据和个人的大数据4个方面来描绘大数据已经展现出的美好景象及即将实现的蓝图。

1.2.2　大数据发展历史与现状

在大数据的整个发展过程中,人们按照发展进程将它分为4个阶段,分别是大数据萌芽阶段、大数据突破阶段、大数据成熟阶段和大数据应用阶段。

1. 大数据萌芽阶段(1980—2008 年)

"大数据"一词出现在 1980 年,在美国著名未来学家阿尔文·托夫勒著的《第三次浪潮》一书中将"大数据"称为"第三次浪潮的华彩乐章";20 世纪末,是大数据的萌芽期,处于数据挖掘技术阶段。随着数据挖掘理论和数据库技术的成熟,一些商业智能工具和知识管理技术开始被应用。2008 年 9 月,英国《自然》杂志推出了名为"大数据"的封面专栏。

2. 大数据突破阶段(2009—2011 年)

2009—2010 年"大数据"成为互联网技术行业中的热门词汇。2011 年 6 月世界级领先的全球管理咨询公司麦肯锡发布了关于"大数据"的报告,正式定义了大数据的概念,后逐渐受到各行各业的关注;这个阶段非结构化的数据大量出现,传统的数据库处理难以应对,也称为非结构化数据阶段。

3. 大数据成熟阶段(2012—2016 年)

随着 2012 年《大数据时代》出版,"大数据"这一概念随着互联网的浪潮在各行各业中扮演了举足轻重的角色。2013 年,大数据技术开始向商业、科技、医疗、政府、教育、经济、交通、物流及社会的各个领域渗透,因此,2013 年也被称为"大数据元年",大数据时代悄然开启。

4. 大数据应用阶段(2017—2022 年)

从 2017 年开始,大数据已经渗透到人们生活的方方面面,在政策、法规、技术和应用等多重因素的推动下,大数据行业迎来了发展的爆发期。全国至少已有 13 个省成立了 21 家大数据管理机构,同时数据科学与技术专业也成为高校的热门专业,申报数据科学与大数据技术本科专业的学校达到 293 所。

近年来,数据规模呈几何级数高速成长。据国际信息技术咨询企业国际数据公司(IDC)的报告,2020 年全球数据存储量将达到 44ZB,到 2030 年将达到 2500ZB。作为人口大国和制造大国,我国数据生产能力巨大,大数据资源极为丰富。预计到 2020 年年底,我国数据总量有望达到 8000EB,占全球数据总量的 21%,将成为名列前茅的数据资源大国和全球数据中心。据有关统计,截至 2019 年上半年,我国已有 82 个省级、副省级和地级政府上线了数据开放平台,涉及 41.93% 的省级行政区、66.67% 的副省级城市和 18.55% 的地级城市。

1.2.3　大数据能做和不能做的事

1. 大数据可以做到的事情

1）诊断分析

人们每天都在做这件事情,机器更擅长做诊断分析。当一个事件发生时,我们发现对寻找起因感兴趣。例如,设想在沙漠 A 刮起了沙尘暴,我们有沙漠 A 地区的各种参数:温度、气压、骆驼、道路和汽车等。如果能将这些参数跟该地区的沙尘暴联系起来,如果知道一些因果关系,可能就会避免沙尘暴。

2）预测分析

人们经常做这件事情,预测分析是植根在人们基因里的。例如,在全球有一个酒店连锁,现在需要找出哪些酒店是没有达到销售目标的。如果查出来的话,就可以尽力对它们进行整改。这成为了预测分析的经典问题。

3）在未知元素间寻找关联

进行分析,在未知元素间寻找关联。例如,销售雇员的数量跟销售额真的没有关系吗?你可能会减少一些雇员来看看是否真的对销售额没有损失。

4）规范的分析

这是分析学的未来。例如,尝试预测一个以大众为目标的恐怖袭击,然后安全地将人们转移的策略。做出这个预测,需要做出在那个时候那个地点的游客人数,可能会被爆炸所影响的地区等各种预测。

5）监控发生的事件

行业中的大部分人都在做监控事件的工作。例如,需要检测一个活动的反馈找到强烈和不强烈的部分。这些分析成为运营一个企业的关键。

2. 大数据做不到的事情

1）预测一个确定的未来

使用机器学习工具可以达到 90% 的精度,但是无法达到 100% 的准确率。如果可以做到的话,我可以确切地告诉你谁才是目标以及每一次 100% 的响应率,但可惜的是这绝不会发生。

2）无法摆脱无聊的数据分析

在任何分析上,数据处理耗费了大部分时间。相信这就是你的创造力和商业理解的来源。可能的是,你无法摆脱在分析中最无聊的部分。

3）找到一个商业问题的创新的解决方案

创造力是人类永远的专利。没有机器可以找到问题的创新的解决方法。这是因为即使是人工智能,也是由人们去编码的产物,创造力不会从算法自己学习而来。

4) 找到定义不是很明确的问题的解决方法

分析学最大的挑战就是从业务问题中形成一个分析问题模型。如果你能做得很好,那么你正在成为一个分析明星。这种角色是机器无法取代的。例如,业务问题是管理损耗。除非定义了响应者和时间窗口等,没有预测算法可以帮助你。

5) 数据管理/简化新数据源的数据

随着数据量的增长,数据管理正在成为一个难题。人们正在处理各种不同结构化的数据。例如,图表数据可能更适合网络分析,但是对活动数据是没用的。这部分信息也是机器无法分析的。

1.2.4　大数据产业

大数据产业是现代新型服务业的一种,其主要内容分为 3 部分。

1. 数据软硬件制造业

大数据产业可以认为是信息产业,其主要内容包括一些硬件制造、软件开发、软硬件相结合的相关数据服务业,涉及范围为数据相关软件制造到数据服务等一系列相关业务。

2. 数据服务业

通常是指用专业知识和技能给客户提供解决方案的服务业。

3. 数据内容业

数据内容业主要指以信息为主,涉及市场的各个领域,通常这些领域主要从事数据的整理、采集、加工和传播等数据服务产业群。

1.3　大数据技术基础

1.3.1　传统的大数据处理流程

具体的大数据处理方法其实有很多,但是根据长时间的实践,人们总结了一个基本的大数据处理流程,并且这个流程能够对大家理顺大数据的处理有所帮助。整个处理流程可以概括为 4 步,分别是采集、统计和分析、导入和预处理,以及数据挖掘。

1. 采集

大数据的采集是指利用多个数据库来接收来自客户端的数据,并且用户可以通过这些数据库来进行简单的查询和处理工作。例如,电商会使用传统的关系数据库 MySQL 和 Oracle 等来存储每一笔事务数据,除此之外,MongoDB 这样的 NoSQL 非传统数据库也常用于数据采集。

在大数据的采集过程中,其主要特点和挑战是并发数高,因为同时有可能会有成千上万的用户来进行访问和操作,例如火车票售票网站和淘宝,它们并发的访问量在峰值时达到上百万,所以需要在采集端进行部署大量数据库才能支撑。如何在这些数据库之间进行负载均衡和分片需要深入思考和设计。

2. 统计和分析

统计和分析主要利用分布式数据库,或者分布式计算集群来对存储于其内的海量数据进行普通的分析和分类汇总等,以满足大多数常见的分析需求。在这方面,一些实时性需求会用到 Oracle 数据库系统,以及基于 MySQL 的列式存储等,而一些批处理,或者基于半结构化数据的需求可以使用 Hadoop。统计和分析这部分的主要特点和挑战是分析涉及的数据量大,其对系统资源,特别是 I/O 会有极大的占用。

3. 导入和预处理

虽然采集端会有很多数据库,但是如果要对这些海量数据进行有效的分析,还是应该将这些来自前端的数据导入到一个集中的大型分布式数据库,或者分布式存储集群,并且可以在导入的基础上做一些简单的清洗和预处理工作。也有一些用户会在导入时使用来自 Twitter 的信息来对数据进行流式计算,来满足部分业务的实时计算需求。导入和预处理过程的特点及挑战主要是导入的数据量大,每秒的导入量通常会达到百兆级别,甚至千兆级别。

4. 数据挖掘

与前面统计和分析过程不同的是,数据挖掘一般没有什么预先设定好的主题,主要是在现有数据上面进行基于各种算法的计算,起到预测的效果,从而实现一些高级别数据分析的需求。该过程的特点和挑战主要是用于挖掘的算法很复杂,并且计算涉及的数据量和计算量都很大,还有,常用数据挖掘算法都以单线程为主。

1.3.2　大数据核心技术

今天人们常说的大数据技术,其实起源于 Google 公司在 2004 年前后发表的 3 篇论文,也就是人们经常听到的"三驾马车",分别是分布式文件系统 GFS、大数据分布式计算框架 MapReduce 和 NoSQL 数据库系统 BigTable,如图 1.7 所示。

图 1.6 中的所有这些框架、平台以及相关的算法共同构成了大数据的技术体系,形成大数据技术原理和应用算法构建的完整的知识体系。"三驾马车"其实就是一个文件系统、一个计算框架和一个数据库系统。

Google 公司的思路是部署一个大规模的服务器集群,通过分布式的方式将海量数据存储在这个集群上,然后利用集群上的所有机器进行数据计算。这样,Google 公司其实不需要买很多很贵的服务器,它只要把这些普通的机器组织到一起,就非常厉害了。

当时的天才程序员们启动了一个独立的项目专门开发维护大数据技术,这就是后来赫赫有名的 Hadoop,主要包括 Hadoop 分布式文件系统 HDFS 和大数据计算引擎

图 1.7　大数据平台

MapReduce。

2012 年,美国加州大学伯克利分校开发的 Spark 开始崭露头角,Spark 一经推出,立即受到业界的追捧,并逐步替代 MapReduce 在企业应用中的地位。

一般来说,像 MapReduce、Spark 这类计算框架处理的业务场景都被称作批处理计算,因为它们通常针对以"天"为单位产生的数据进行一次计算,然后得到需要的结果,这中间计算需要花费的时间大概是几十分钟甚至更长的时间。因为计算的数据是非在线得到的实时数据,而是历史数据,所以这类计算也被称为大数据离线计算。

在大数据领域,还有另外一类应用场景,它们需要对实时产生的大量数据进行即时计算,如对于遍布城市的监控摄像头进行人脸识别和嫌犯追踪。这类计算称为大数据流计算。流式计算要处理的数据是实时在线产生的数据,所以这类计算也被称为大数据实时计算。

在典型的大数据的业务场景下,数据业务最通用的做法是,采用批处理的技术处理历史全量数据,采用流式计算处理实时新增数据。

除了大数据批处理和流处理外,NoSQL 系统处理的主要也是大规模海量数据的存储与访问,所以也被归为大数据技术。2011 年前后,NoSQL 非常火爆,各种 NoSQL 数据库也是层出不穷。

上面讲的这些基本上都可以归类为大数据引擎或者大数据框架。大数据处理的主要应用场景包括数据分析、数据挖掘与机器学习。此外,大数据要存入分布式文件系统,要有序调度 MapReduce 和 Spark 作业执行,并能把执行结果写入到各个应用系统的数据库中,还需要有一个大数据平台整合所有这些大数据组件和企业应用系统。

1.3.3　大数据技术分类

大数据带来的不仅是机遇,同时也是挑战。传统的数据处理手段已经无法满足大数据的海量实时需求,需要采用新一代的信息技术来应对大数据的爆发。人们把大数据技术归纳为五大类,如表 1.1 所示。

表 1.1　大数据技术分类

大数据技术分类	大数据技术与工具
基础架构支持	云计算平台
	云存储
	虚拟化技术
	网络技术
	资源监控技术
数据采集	数据总线
	ETL 工具
数据存储	分布式文件系统
	关系数据库
	NoSQL 技术
	关系数据库与非关系数据库融合
	内存数据库
数据计算	数据查询、统计与分析
	数据预测与挖掘
	图谱处理
	商业智能
数据展现与交互	图形与报表
	可视化工具
	增强现实技术

1) 基础架构支持

基础架构支持主要包括为支撑大数据处理的基础架构级数据中心管理、云计算平台、云存储设备及技术、网络技术和资源监控技术等。大数据处理需要拥有大规模物理资源的云数据中心和具备高效的调度管理功能的云计算平台的支撑。

2) 数据采集

数据采集技术是数据处理的必备条件,首先需要有数据采集的手段,把信息收集上来,才能应用上层的数据处理技术。数据采集除了各类传感设备等硬件软件设施之外,主要涉及的是数据的 ETL(采集、转换、加载)过程,能对数据进行清洗、过滤、校验和转换等各种预处理,将有效的数据转换成适合的格式和类型。同时,为了支持多源异构的数据采集和存储访问,还需设计企业的数据总线,方便企业各个应用和服务之间数据的交换和共享。

3) 数据存储

数据经过采集和转换之后,需要存储归档。针对海量的大数据,一般可以采用分布式文件系统和分布式数据库的存储方式,把数据分布到多个存储节点上,同时还需提供备份、安全、访问接口及协议等机制。

4）数据计算

人们把与数据查询、统计、分析、预测、挖掘、图谱处理和商业智能等各项相关的技术统称为数据计算技术。数据计算技术涵盖数据处理的方方面面,也是大数据技术的核心。

5）数据展现与交互

数据展现与交互在大数据技术中也至关重要,因为数据最终需要为人们所使用,为生产、运营、规划提供决策支持。选择恰当的、生动直观的展示方式能够帮助人们更好地理解数据及其内涵和关联关系,也能够更有效地解释和运用数据,发挥其价值。在展现方式上,除了传统的报表、图形之外,还可以结合现代化的可视化工具及人机交互手段,甚至是基于最新的如 Google 眼镜等增强现实手段,来实现数据与现实的无缝接口。

1.3.4　大数据分析的方法理论

越来越多的应用涉及大数据,这些大数据的属性,包括高速、多样性等都是呈现了大数据不断增长的复杂性,所以,大数据的分析方法在大数据领域就显得尤为重要,可以说是决定最终信息是否有价值的决定性因素。基于此,大数据分析的方法理论有 5 个基本方面。

1. 预测性分析能力（Predictive Analytic Capabilities）

数据挖掘可以让分析员更好地理解数据,而预测性分析可以让分析员根据可视化分析和数据挖掘的结果做出一些预测性的判断。

2. 数据质量和数据管理（Data Quality and Data Management）

数据质量和数据管理是一些管理方面的最佳实践。通过标准化的流程和工具对数据进行处理可以保证一个预先定义好的高质量的分析结果。

3. 可视化分析（Analytic Visualizations）

不管是对数据分析专家还是普通用户,数据可视化都是数据分析工具最基本的要求。可视化可以直观地展示数据,让数据自己说话,让观众看到结果。

4. 语义引擎（Semantic Engines）

由于非结构化数据的多样性带来了数据分析的新的挑战,人们需要一系列的工具去解析、提取和分析数据。语义引擎需要被设计成能够从文档中智能提取信息。

5. 数据挖掘算法（Data Mining Algorithms）

可视化是给人看的,数据挖掘则是给机器看的。集群、分割、孤立点分析还有其他算法让人们深入数据内部,挖掘价值。这些算法不仅要处理大数据的量,也要处理大数据的速度。

假如大数据真的是下一个重要的技术创新的话,最好把精力关注在大数据能给人们带来的好处,而不仅仅是挑战。

1.4　大数据的社会价值

2015 年 9 月,国务院发布《促进大数据发展行动纲要》,其中重要任务之一就是"加快政府数据开放共享,推动资源整合,提升治理能力",并明确了时间节点:2017 年,跨部门数据资源共享共用格局基本形成;2018 年,建成政府主导的数据共享开放平台,打通政府部门、企事业单位间的数据壁垒,并在部分领域开展应用试点;2020 年,实现政府数据集的普遍开放。大数据国家战略如图 1.8 所示。

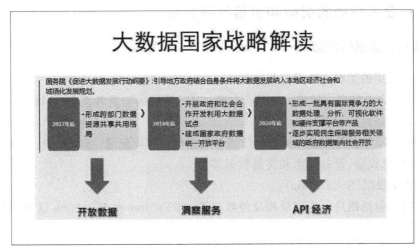

图 1.8　大数据国家战略

大数据技术的出现实现了巨大的社会价值,主要表现在如下 3 个方面。

1. 能够推动实现巨大经济效益

大数据技术的出现能够推动社会实现巨大经济效益,例如对中国零售业净利润增长的贡献,降低制造业产品开发、组装成本等。

2. 能够提升社会管理水平

大数据在公共服务领域的应用,可有效推动相关工作开展,提高相关部门的决策水平、服务效率和社会管理水平,产生巨大社会价值。欧洲多个城市通过分析实时采集的交通流量数据,指导驾车出行者选择最佳路径,从而改善城市交通状况。

3. 如果没有高性能的分析工具,大数据的价值就得不到释放

(1) 由于各种原因,所分析处理的数据对象中不可避免地会包括各种错误数据、无用数据,加之作为大数据技术核心的数据分析、人工智能等技术尚未完全成熟,所以对计算

机完成的大数据分析处理的结果,无法要求其完全准确。例如,Google 公司通过分析亿万用户搜索内容能够比专业机构更快地预测流感暴发,但由于微博上无用信息的干扰,这种预测也曾多次出现不准确的情况。

(2) 必须清楚定位的是,大数据的作用与价值的重点在于能够引导和启发大数据应用者的创新思维,辅助决策。简单而言,若是处理一个问题,通常人能够想到一种方法,而大数据能够提供 10 种参考方法,即使其中只有 3 种方法可行,也将解决问题的思路拓展了 3 倍。

1.5　大数据的商业应用

1.5.1　商业大数据的类型和价值挖掘方法

1. 商业大数据的类型

商业大数据的类型大致可分为 3 类。

(1) 传统企业数据。传统企业数据包括 CRM 系统的消费者数据、传统的 ERP 数据、库存数据以及账目数据等。

(2) 机器和传感器数据。机器和传感器数据包括呼叫记录、智能仪表、工业设备传感器、物联网传感设备、设备日志和交易数据等。

(3) 社交数据(Social Data)。

社交数据包括用户行为记录和反馈数据等,如 Twitter 和 Facebook 这样的社交媒体平台。

2. 大数据挖掘商业价值的方法

大数据挖掘商业价值的方法主要分为 4 种。

(1) 客户群体细分,为每个群体定制特别的服务。

(2) 模拟现实环境,发掘新的需求同时提高投资的回报率。

(3) 加强部门联系,提高整条管理链条和产业链条的效率。

(4) 降低服务成本,发现隐藏线索进行产品和服务的创新。

3. 传统商业智能技术与大数据应用的比较

传统商业智能技术包括数据挖掘,主要任务是建立比较复杂的数据仓库模型和数据挖掘模型,来进行分析和处理不太多的数据。

由于云计算模式、分布式技术和云数据库技术的应用,人们不需要这么复杂的模型,不用考虑复杂的计算算法,就能够处理大数据。对于不断增长的业务数据,用户也可以通过添加低成本服务器甚至是 PC 处理海量数据记录的扫描、统计、分析和预测。如果商业模式变化了,需要一分为二,那么新商业智能系统也可以很快地、相应地一分为二,继续强力支撑商业智能的需求。大数据蕴含的商机如图 1.9 所示。

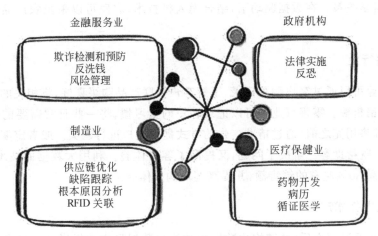

金融服务业

欺诈检测和预防
反洗钱
风险管理

政府机构

法律实施
反恐

制造业

供应链优化
缺陷跟踪
根本原因分析
RFID 关联

医疗保健业

药物开发
病历
循证医学

图 1.9　大数据蕴含的商机

1.5.2　大数据的十大商业应用场景

在未来的几十年里,大数据影响着每一个人。大数据冲击着许多主要行业,包括零售业、金融行业和医疗行业等,大数据也在彻底地改变着人们的生活。现在就来看看大数据带来的十大商业应用场景,未来大数据产业将会是一个万亿元级别的市场。

1. 智慧城市

如今,世界超过一半的人口生活在城市里,到 2050 年,这一数字会增长到 75%。政府需要利用一些技术手段来管理好城市,使城市里的资源得到良好配置。大数据作为其中的一项技术可以有效帮助政府实现资源科学配置,精细化运营城市,打造智慧城市。

2. 金融行业

大数据在金融行业应用范围较广,很多金融行业建立了大数据平台,对金融行业的交易数据进行采集和处理。大数据在金融行业的应用主要应用于精准营销、风险管控、决策支持、效率提升和金融产品设计。

3. 医疗行业

医疗行业拥有大量病例、病理报告、医疗方案、药物报告等。如果这些数据进行整理和分析,将会极大地帮助医生和病人。在未来,借助于大数据平台人们可以收集疾病的基本特征、病例和治疗方案,建立针对疾病的数据库,帮助医生进行疾病诊断。

4. 农牧业

农产品不容易保存,合理种植和养殖农产品对农民非常重要。借助于大数据提供的消费能力和趋势报告,政府将为农牧业生产进行合理引导,依据需求进行生产,避免产能过剩,造成不必要的资源和社会财富浪费。大数据技术可以帮助政府实现农业的精细化管理,实现科学决策。在数据驱动下,结合无人机技术,农民可以采集农产品生长信息和病虫害信息。

5. 零售行业

零售行业可以通过客户购买记录,了解客户关联产品购买喜好,将相关的产品放到一起增加产品销售额。零售行业还可以记录客户购买习惯,将一些日常需要的必备生活用品,在客户即将用完之前,通过精准广告的方式提醒客户进行购买。或者定期通过网上商城进行送货,既帮助客户解决了问题,又提高了客户体验。利用大数据的技术,零售行业将至少会提高30％左右的销售额,并提高客户购买体验。

6. 大数据技术产业

进入移动互联网之后,非结构化数据和结构化数据呈指数级增长。现在人类社会每两年产生的数据将超过人类历史过去所有数据的总量。这些大数据为大数据技术产业提供了巨大的商业机会。据估计全世界在大数据采集、存储、处理、清晰和分析所产生的商业机会将会超过2000亿美元,包括政府和企业在大数据计算和存储,数据挖掘和处理等方面的投资。未来中国的大数据产业将会呈几何级数增长,在5年之内,中国的大数据产业可能会形成万亿规模的市场。

7. 物流行业

物流行业借助于大数据,可以建立全国物流网络,了解各个节点的运货需求和运力,合理配置资源,降低货车的返程空载率,降低超载率,减少重复路线运输,降低小规模运输比例。通过大数据技术,及时了解各个路线货物运送需求,同时建立基于地理位置和产业链的物流港口,实现货物和运力的实时配比,提高物流行业的运输效率。

借助于大数据技术对物流行业进行的优化资源配置,至少可以增加物流行业10％左右的收入,其市场价值将在5000亿元左右。

8. 房地产业

借助于大数据,房地产业可以了解开发土地所在范围常驻人口数量、流动人口数量、消费能力、消费特点、年龄阶段和人口特征等重要信息。这些信息将会帮助房地商在商业地产开发、商户招商、房屋类型和小区规模进行科学规划。利用大数据技术,房地产行业将会降低房地产开发前的规划风险,合理制定房价,合理制定开发规模,合理进行商业规划。已经有房地产公司将大数据技术应用于用户画像、土地规划和商业地产开发等领域,并取得了良好的效果。

9. 制造业

制造业过去面临生产过剩的压力,很多产品包括家电、纺织产品、钢材、水泥和电解铝等都没有按照市场实际需要生产,造成了资源的极大浪费。利用电商数据、移动互联网数据、零售数据,人们可以了解未来产品市场的需求,合理规划产品生产,避免生产过剩。

大数据技术还可以根据社交数据和购买数据来了解客户需求,帮助厂商进行产品开发,设计和生产出满足客户需要的产品。

10. 互联网广告业

大数据技术可以将客户在互联网上的行为记录下来,对客户的行为进行分析,打上标签并形成用户画像。利用移动互联网大数据技术进行的精准营销将会提高10倍以上的客户转化率,广告行业的程序化购买正在逐步替代广播式广告投放。大数据技术将帮助广告主和广告公司直接将广告投放给目标用户,其将会降低广告投入,提高广告的转化率。

1.5.3　成为"大数据企业"

基于以上分析,企业内部大数据的焦点,在于业务流程信息与知识及沟通信息的融合;企业外部大数据的焦点,在于供应链信息与市场及社会环境信息的融合。进而,大数据时代企业组织的基本内涵,在于内部大数据与外部大数据的全方位融合。如图1.10所示,大数据企业立足于内外部业务与社交媒体数据的集成交汇。

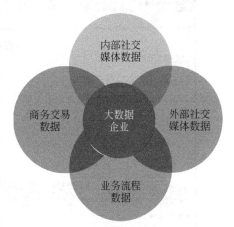

图 1.10　大数据企业的内外融合

在这四大类型的数据之间,致力于大数据管理的企业可以有两种不同的发展策略。

第一种策略是以社交媒体与业务数据的融合为主导,以期快速发现并应对内外部环境中的变化和机遇。在这种策略下,面向高速数据流的实时数据采集和分析方法,将成为大数据管理的主要支撑手段。

第二种策略是以内外部数据融合为主导,以期通过全面汇集内外部信息,对中长期发展趋势做出准确的预判,从而实现高度优化的业务决策,并通过对信息环境的掌控,获取企业网络生态系统中的领导地位。在这种策略下,大规模多源异构数据的采集、清洗和整合方法,将成为大数据管理的核心支撑。

1.6　大数据应用案例:《非诚勿扰》男女嘉宾牵手数据分析

《非诚勿扰》是由江苏卫视制作的一档以婚恋交友为核心的社会生活服务真人秀节目,于2010年1月15日开播,节目内容取材自在全世界范围被广泛采用的英国独立电视台的两性联谊节目 *Take Me Out*,和2008—2009年播出的澳大利亚节目 *Taken Out*。自开播以来,《非诚勿扰》收视率在各个卫星电视节目中名列前茅,且收视率日渐攀升。由江苏电视台的新闻节目主持人孟非主持,另由黄菡分析点评,黄磊、刘烨和曾子航等均担任过点评嘉宾,如图1.11所示。

图 1.11　江苏卫视制作的《非诚勿扰》节目

　　该节目如此火爆的收视率和普及度,其男女嘉宾备受关注。例如女嘉宾身份问题、男嘉宾托儿、炒作等问题,也成为大家八卦的主题。截至 2015 年第三季度,一共做了 539 期节目,至少 1508 名女嘉宾和 2382 名男嘉宾参与节目,成功促成了其中 419 对男女牵手嘉宾! 节目数量和牵手分析如图 1.12 所示。

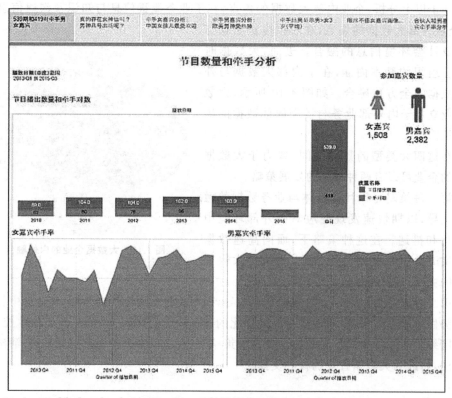

图 1.12　节目数量和牵手分析

　　较熟悉节目的观众都知道"女神位"这个词儿。通过节目录制现场的示意图,最中间 11~14 号女嘉宾是正对男嘉宾的,似乎话题和曝光率都颇高也备受关注。那么她们既然是女神了,是不是能尽快获得自己的男神呢? 通过对牵手男女嘉宾的分析可发现,真正的牵手女神却在 20 号位置左右! 一共产生过 57 对牵手女嘉宾,几乎是 11~14 号位置牵手女嘉宾的总和! 是不是站到了"女神位",由于心理上的变化而使得男嘉宾被更多灭灯呢? 女神位置大数据分析如图 1.13 所示。

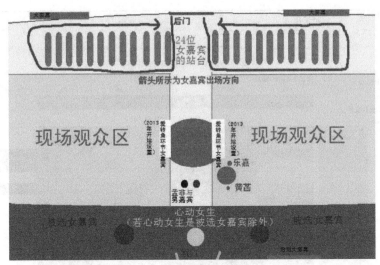

图 1.13　女神位置大数据分析

通过分析男嘉宾可以发现，最容易牵手的出场位置是 4 号，而 1 号往往最容易被淘汰。看来老话说的好，万事果然开头难。大多数节目都是 5 个男嘉宾，如果在第 4 个男嘉宾出场时还没有牵手成功，恐怕第 5 个押宝牵手的概率也不会特别高，那么各位女嘉宾就要再多站一期节目才能获得心意的男嘉宾了！是不是这种心理上的变化也使得 4 号男嘉宾更容易得手呢？如果你有机会参加《非诚勿扰》节目能够在此位置出场可要好好把握机会，大数据告诉你牵手概率不低！嘉宾位置和牵手相关性分析如图 1.14 所示。

那么什么样的男女嘉宾比较受欢迎呢？通过男女嘉宾的地理位置、职业、年龄和牵手比率几个维度，发现中国的女嘉宾和欧美的男嘉宾比较受欢迎，其中自由职业、教师、企业职员比较受欢迎，私营业主的男嘉宾则最受欢迎。

如果从年龄分布来看的话，男嘉宾普遍比女嘉宾的年龄要大。牵手男嘉宾的年龄段是 24～31 岁，女嘉宾则为 22～25 岁。这种年龄分布与当下社会新组建家庭的物质需求也比较符合。可见来的男女嘉宾都是比较务实的，也符合了节目的主题——非诚勿扰。牵手年龄分析如图 1.15 所示。

在分析数据过程中还发现，有些女嘉宾可能确实眼缘不佳，在节目停留了 50 期以上也没能牵手成功。眼缘不佳的女嘉宾集中分布在 25 岁以上。随着节目的改制这种现象在 2014 年以后逐步减少。

既然作为一款真人秀节目，就一定少不了娱乐的成分。根据数据显示，刘烨、曾子航和刘恺威 3 位点评嘉宾在台上时，男嘉宾的牵手概率比较高，达到了 44％以上，他们真正做到了男嘉宾的好帮衬！而于正老师在台上的时候牵手率只有 26％。

其实还有很多主题因为缺少有力的数据支持，所以没有得以实现。例如，心动女生画像分析、星座牵手概率、旅游奖励的有效性分析和男嘉宾灭灯分析。现在很多人在相亲时，其实自己都不清楚自己到底想要找一个什么样的牵手对象。如果根据上述分析，就可以比较客观地知道什么样的男嘉宾更适合台上的女嘉宾了。可以想象，如果男嘉宾上台

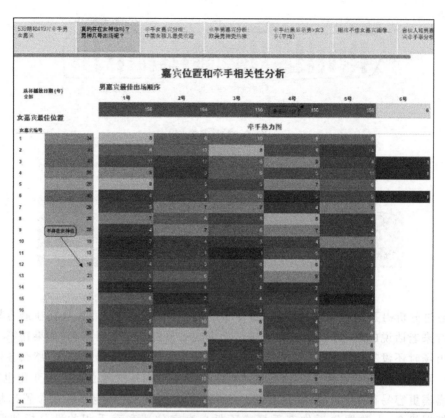

图 1.14　嘉宾位置和牵手相关性分析

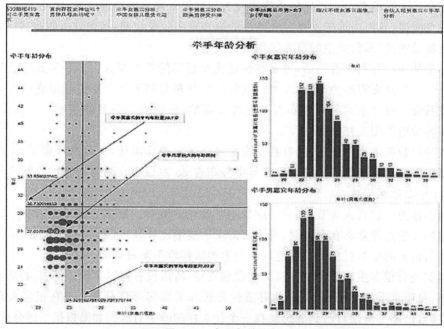

图 1.15　牵手年龄分析

的时候,女嘉宾手里也有一个数字表示根据大数据计算,这个男嘉宾和你的契合度是多少。或许大数据的判断比女嘉宾更懂你自己!

习题与思考题

一、选择题

1. 大数据技术的战略意义不在于掌握庞大的数据信息,而在于对这些含有意义的数据进行(　　　)。

　　A. 数据信息　　　　　　　　　　B. 专业化处理

　　C. 速度处理　　　　　　　　　　D. 内容处理

2. 尿布啤酒案例是大数据分析的(　　　)。

　　A. A/B 测试　　　　　　　　　　B. 分类

　　C. 关联规则挖掘　　　　　　　　D. 数据聚类

3. 当前大数据技术的基础是由(　　　)首先提出的。

　　A. 微软　　　　　　　　　　　　B. 百度

　　C. Google　　　　　　　　　　　D. 阿里巴巴

4. 根据不同的业务需求来建立数据模型,抽取最有意义的向量,决定选取哪种方法的数据分析角色人员是(　　　)。

　　A. 数据管理人员　　　　　　　　B. 数据分析员

　　C. 研究科学家　　　　　　　　　D. 软件开发工程师

5. 智慧城市的构建,不包含(　　　)。

　　A. 数字城市　　　B. 物联网　　　　C. 联网监控　　　　D. 云计算

6. 大数据的最显著特征是(　　　)。

　　A. 数据规模大　　　　　　　　　B. 数据类型多样

　　C. 数据处理速度快　　　　　　　D. 数据价值密度高

7. 大数据时代,数据使用的关键是(　　　)。

　　A. 数据采集　　　　　　　　　　B. 数据存储

　　C. 数据分析　　　　　　　　　　D. 数据再利用

8. 支撑大数据业务的基础是(　　　)。

　　A. 数据科学　　　B. 数据应用　　　C. 数据硬件　　　D. 数据人才

9. 大数据不是要教机器像人一样思考。相反,它是(　　　)。

　　A. 把数学算法运用到海量的数据上来预测事情发生的可能性

　　B. 预测与惩罚

　　C. 被视为人工智能的一部分

　　D. 被视为一种机器学习

10. 大数据的发展,使信息技术变革的重点从关注技术转向关注(　　　)。

　　A. 信息　　　　　　B. 数字　　　　　C. 文字　　　　　D. 方位

二、问答题

1. 简述大数据的定义和特点。
2. 大数据的社会价值体现在哪些方面？
3. 简述商业大数据的类型和价值挖掘方法。
4. 基于大数据分析的商业模式创新有哪些？
5. 如何成为"大数据企业"？

大数据系统的基本架构

2.1　大数据系统总体架构

　　要分析一个大数据系统的总体架构,就要弄清楚两个问题:一个大数据系统需要包含哪些模块和哪些技术? 这些不同模块之间怎么协调起来完成一个关于大数据的任务? 可以用自下而上的方式来思考一个大数据系统总体架构是怎么样的。

　　有了硬件之后,首先要考虑的是数据怎么放,这就是大数据的存储与管理技术。

　　有了数据之后就应该对数据进行处理,这就要用到大数据的处理技术。

　　处理完数据之后,客户端又需要获取处理完的结果,这就要用到数据的查询技术。

　　在拥有大量数据之后,怎么对这些数据进行分析与挖掘,得到有价值的信息、经验性的规律来指导政府或者商业上的决策,这就衍生了大数据分析与挖掘技术。

　　最后,为了方便展示和观察,将大数据处理分析的结果以形象的方式向人们展示,就诞生了大数据可视化技术。

　　如图 2.1 所示是大数据系统的总体架构,自下而上的过程以数据流的角度描述了一个大数据应用的工作机制。一个企业或者一个部门将自己拥有的大量数据用分布式存储的方式存放在大量的节点上,然后用关系数据库或者非关系数据库来管理这些数据,应对不同的需求使用不同的数据处理工具进行分布式计算。

　　使用类似的方式简化数据查询和简单处理的过程,降低数据分析人员的使用门槛,数据分析人员对数据进行分析与挖掘,获取有价值的信息用于指导未来的决策。最后将数据分析的结果以图的方式形象地展示出来,方便所有人查看和理解。

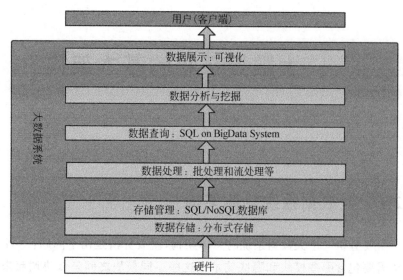

图 2.1   大数据系统的总体架构

2.2   大数据技术框架

大数据技术框架可以概要描述为五横一纵：所谓五横，基本就是根据数据的流向自底向上划分 5 层，分别为数据采集层、数据处理层、数据分析层、数据访问层及应用层。一纵就是数据管理层，如图 2.2 所示。这张大数据技术框架图可以对大数据系统进行一定的映射。

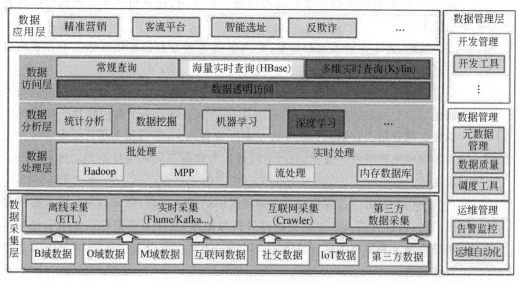

图 2.2   大数据技术框架

　　数据采集层：既包括传统的将数据从来源端经过抽取、转换、加载到目的端的过程，也包括离线采集（Extraction-Transformation-Loading，ETL），还有实时采集、互联网采集和第三方数据采集等。

　　数据处理层：根据数据处理场景要求不同，可以划分为 Hadoop 分布式系统基础架构、MPP（Massively Parallel Processing）大规模并行处理、流处理和内存数据库等。

　　数据分析层：主要包含统计分析、数据挖掘、机器学习和深度学习等。

　　数据访问层：主要是实现读写分离，将偏向应用的查询等能力与计算能力剥离，包括常规查询、海量实时查询和多维实时查询等应用场景。

　　数据应用层：根据企业的不同特点划分不同类别的应用，例如针对运营商，对内有精准营销、客服投诉和基站分析等，对外有基于位置的客流、基于标签的广告应用等。

　　数据管理层：这是一纵，主要是实现数据的管理和运维，它横跨多层，实现统一管理。

　　下面进一步解释各层的详细功能与应用。

1. 数据采集层

　　数据采集层主要采用大数据采集技术，实现对数据的 ETL 操作，数据从数据来源端经过抽取（Extract）、转换（Transform）、加载（Load）到目的端。用户从数据源抽取出所需的数据，经过数据清洗，最终按照预先定义好的数据模型，将数据加载到数据仓库中，最后对数据仓库中的数据进行分析和处理。

　　数据采集是数据分析生命周期的重要一环，它通过传感器数据、社交网络数据和移动互联网数据等方式获得各种类型的结构化、半结构化及非结构化的海量数据。在现实生活中，数据产生的种类很多，并且不同种类的数据产生的方式不同。对于大数据采集的数据类型，主要有以下 3 类。

　　（1）互联网数据。主要包括互联网平台上的公开信息，通过网络爬虫和一些网站平台提供的公共应用程序接口（Application Programming Interface，API），如 Twitter 和新浪微博 API 等方式从网站上获取数据。这样就可以将非结构化数据和半结构化数据的网页数据从网页中提取出来。并将其抽取、清洗、转换成结构化的数据，将其存储为统一的本地文件数据。

　　（2）系统日志数据。许多公司的业务平台每天都会产生大量的日志数据。对于这些日志信息，可以得到很多有价值的数据。通过对这些日志信息进行日志采集和收集，然后进行数据分析，挖掘公司业务平台日志数据中的潜在价值。为公司决策和公司后台服务器平台性能评估提高可靠的数据保证。系统日志采集系统做的事情就是收集日志数据提供离线和在线的实时分析使用。

　　（3）数据库数据。有些企业会使用传统的关系数据库 MySQL 和 Oracle 等来存储数据。除此之外，Redis 和 MongoDB 这样的 NoSQL 数据库也常用于数据的采集。企业每时每刻产生的业务数据，以数据库中的一行记录形式被直接写入数据库中。

　　当大量的数据采集完后，需要对大数据进行存储。数据的存储分为持久化存储和非持久化存储。持久化存储表示把数据存储在磁盘中，关机或断电后，数据依然不会丢失。非持久化存储表示把数据存储在内存中，读写速度快，但是关机或断电后，数据丢失。

对于持久化存储而言,最关键的概念是文件系统和数据库系统。常见的有 Hadoop 分布式文件系统 HDFS、分布式非关系数据库系统 HBase,以及另一个非关系数据库 MongoDB。

支持非持久化的系统包括 Redis、Berkeley DB 等,它们为前述的存储数据库提供了缓存机制,可以大幅地提升系统的响应速度,降低持久化存储的压力。

2. 数据处理层

当把数据采集好,数据存储以及读写也都没有问题,用这些数据干什么呢?除了保存原始数据,做好数据备份之外,还需要考虑利用它们产生更大的价值。那么首先需要对这些数据进行处理。大数据处理分为两类:离线处理(批量处理)和在线处理(实时处理)。

在线处理是指对实时响应要求非常高的处理,如数据库的一次查询。离线处理就是对实时响应没有要求的处理,如批量地压缩文档。通过消息机制可以提升处理的及时性。

在离线处理方面,Hadoop 的 MapReduce 计算是一种非常适合的离线批处理框架。为了提升效率,下一代更迅速的计算框架 Spark 提供了流式计算框架,进一步提升处理的实时性。

3. 数据分析层和数据访问层

数据采集、数据存储和数据处理是大数据架构的基础设置。一般情况下,完成以上 3 个层次的数据工作,已经将数据转化为基础数据,为上层的业务应用提供支撑。但是大数据时代,数据类型多样,单位价值稀疏的特点,要求对数据进行治理和融合建模。通过利用 R 语言、Python 等对数据进行 ETL 预处理,然后再根据算法模型、业务模型进行融合建模,从而更好地为业务应用提供优质底层数据。

在对数据进行 ETL 处理和建模后,需要对获取的数据进行进一步管理,可以采用相关的数据管理工具,包括元数据管理工具、数据质量管理工具和数据标准管理工具等,实现数据的全方位管理。

4. 数据应用层

数据应用层是大数据技术和应用的目标。通常包括信息检索、关联分析等功能。相当多的开源项目为信息检索的实现提供了可能。

大数据架构为大数据的业务应用提供了一种通用的架构,还需要根据行业领域、公司技术积累以及业务场景,从业务需求、产品设计、技术选型到实现方案流程上具体问题具体分析,利用大数据可视化技术,进一步深入,形成更为明确的应用,包括基于大数据交易与共享、基于开发平台的大数据应用和基于大数据的工具应用等。

2.3　大数据应用案例:在"北上广"打拼是怎样一种体验

1. "北上广"的"漂"们都来自哪里

根据卫计委数据,全国 9433 万跨省流动人口中,超过 20%涌入了北京、上海和广州 3

个城市。特别是广州,外来人口数量已经超过了常住户籍人口,而北京和上海,本地人和外地人的比例分别是 1.6∶1 和 1.44∶1。

到"北上广"等大都市去闯荡、打拼,是很多年青人的梦想。即便是在高房价、高物价、交通拥堵、空气污染下被迫离开的人,也有相当一部分重新回来。这些远离亲人,选择面对生活的艰苦和孤独的年青人,究竟是怎样的群体并过着什么样的生活呢? 通过大数据分析,或许能了解一二。

"北上广"的本地人与外地人数量(万)如图 2.3 所示。

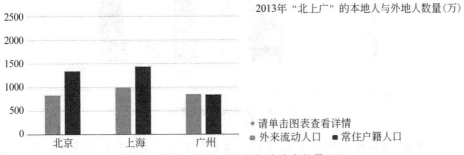

图 2.3　"北上广"的本地人与外地人数量(万)

从外来人口来源省份看,北京、上海、广州分别在华北、华中、华南地区以吸收周边邻省人口为主。作为人口流出大省的河南、湖北,则同时进入了"北上广"外来人口数量排名的前五,可见其南北通吃,势力强大。

2. 年纪轻、学历高,或许更能站稳脚跟

在"北上广",拼搏奋斗的核心人群在 20～40 岁,这个群体占整体外来人口的比例都超过了 75%。但从年龄结构比较,上海的年青群体年龄段更为集中,北京 45 岁以上人群占比明显大于其他两个城市,而广州外来人口的年龄构成则更偏向年青化,如图 2.4 所示。

不同出生年份的外来人口数量

| | 1960以前 | 1960 | 1965 | 1970 | 1975 | 1980 | 1985 | 1990 | 1995 | 2000 | 2005以后 |

北京

上海

广州

数据来源: "流动中国"调查

图 2.4　外来人口年龄结构

国家人口计生委曾对"北上广"35 岁以下青年流动人口的生活状态做过监测研究。发现收入是他们生活质量的重要因素之一,更是坚守或逃离"北上广"的关键。从调查数据来看,影响收入最关键的因素被认为是学历。外来人口学历构成如图 2.5 所示。

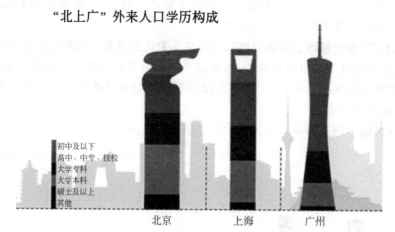

"北上广"外来人口学历构成

初中及以下
高中、中专、技校
大学专科
大学本科
硕士及以上
其他

北京　上海　广州

数据来源："流动中国"调查

图 2.5　外来人口学历构成

"流动中国"调查数据显示,广州本科及以上学历的青年人群比例确实远低于北京和上海,这或许是高学历年青人在广州更"吃香"的一个原因。

另外,在上海、广州的外来青年人和全国同龄流动人口一样,以从事制造业为主,约占40%左右,其次是批发零售、建筑和社会服务等行业。

不过,北京的情况较为不同,从事制造业的比重明显较低,从事互联网、金融和房地产的明显高于其他两市。这与北京外来青年学历层次较高及城市功能定位有关。外来人口就业行业构成如图 2.6 所示。

"北上广"外来人口就业行业结构

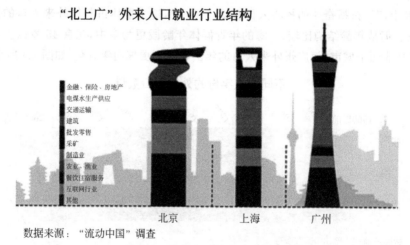

金融、保险、房地产
电煤水生产供应
交通运输
建筑
批发零售
采矿
制造业
农业、渔业
餐饮住宿服务
互联网行业
其他

北京　上海　广州

数据来源："流动中国"调查

图 2.6　外来人口就业行业构成

3. 一样的"漂",却分出了上、中、下

在"北上广"三地,外来人口的住房情况大体一致,均有过半数人租房居住。北京人均租房平均月支出超过全国平均水平的 70％，几乎是用于食品的月支出的两倍。可见租房的花销最让"北漂"们肉痛。流动中国调查数据中，广州的老板们能给解决住宿的比例最高，这一点格外明显。外来人口的居住状况如图 2.7 所示。

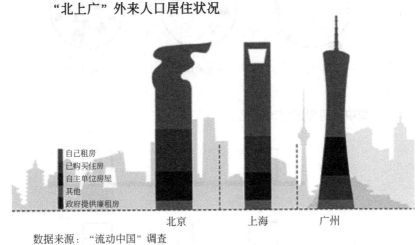

"北上广"外来人口居住状况

自己租房
已购买住房
自主单位房屋
其他
政府提供廉租房

北京 上海 广州

数据来源："流动中国"调查

图 2.7 外来人口的居住状况

当然，在不同历史和政策背景下，"北上广"三地也均形成了外来人口聚居的城中村，作为多数人"停泊"的首站。随着房价持续上涨，北京的"蚁族"，上海的"蜗居"曾一度在公众中流行。

比较"北上广"的城中村，着实是一个有趣的话题，城中村区域分布及房屋空间的变化如图 2.8 所示。广州的城中村散布在城市中的各个角落，规模和占地都较大；上海的城中村则分布在内环外靠近外围地区，且规模较小；北京的城中村主要分布在城市建成区边缘地，约为五环附近。

更为有趣的是，在大量外来人口涌入后，"北上广"三地城中村内房屋空间的变化。

北京多为不断下压的空间。在北京圈层的外扩中，内城的城中村逐步被拆迁。城郊村在形态上更多地呈现一种原始聚集村落形式，多为一层或两层的平房，每户拥有自己的院落房屋，部分有地下室。

上海则多是不断向内挤压空间。对于管治最为严格的上海，一方面迫于强硬的政策与监管，一方面又拥有异常旺盛的住房需求，所以只能在漫长的"等待拆迁"中通过内部挤压的方法"塞"进更多的人。村内原有的楼梯间、独立厨房、独立洗手间和院落等均被改造和分隔成住房。相比较北京和上海，广州的城市监管较为松散，城中村多向上加建房屋，表现出一种不断加建的空间。

4. 虽然可能并不幸福，但还是希望融入

青年们的人际交往状况如何？《中国流动人口发展报告》的结论是，北京、上海的外来青年中 6.3％、11.4％ 很少与人交往。

其中，上海的外来青年很少与取得上海户籍的同乡及本地人交往，将近 60％ 经常与

城中村的区域分布：

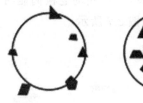

北京城中村   上海城中村   广州城中村

城中村房屋的空间变化：

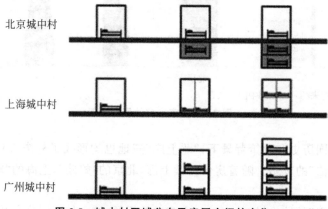

北京城中村

上海城中村

广州城中村

图 2.8　城中村区域分布及房屋空间的变化

同乡交往。而北京的外来青年更愿意与本地人来往，显示出更高的开放性和融入愿望，外来青年人际交往状况如图 2.9 所示。

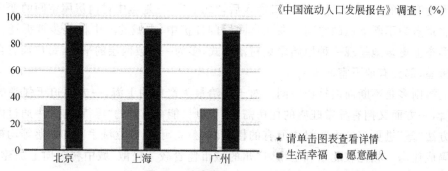

《中国流动人口发展报告》调查：(%)

★ 请单击图表查看详情
■ 生活幸福　■ 愿意融入

图 2.9　外来青年人际交往状况

　　如果问及在大都市生活"是否比在老家更幸福"，北京、上海的外来青年分别有 32.8％、35.8％的人回答肯定，略高于全国平均水平；而广州只有 28.4％的人感到幸福。但问及融入的意愿，"北上广"三地的外来青年均有超过 90％的人愿意融入。

　　本案例资料来源：《中国流动人口发展报告》《"北上广"城中村外来人口居住研究》。

习题与思考题

一、选择题

1. 在大数据平台和应用程序框架中,(　　)以经济高效的方式分析超大规模级的结构化和非结构化信息。

    A. 流计算　　　　　　B. Hadoop　　　　　　C. 数据仓库　　　　　D. 语境搜索

2. 从研究现状上看,下面不属于大数据处理的特点是(　　)。

    A. 超大规模　　　　　B. 虚拟化　　　　　　C. 私有化　　　　　　D. 高可靠性

3. 当前社会中,最为突出的大数据环境是(　　)。

    A. 互联网　　　　　　B. 物联网　　　　　　C. 综合国力　　　　　D. 自然资源

4. 大数据系统需要包含(　　)技术。(多选题)

    A. 数据存储技术　　　　　　　　　　B. 数据处理技术

    C. 数据查询技术　　　　　　　　　　D. 数据分析与挖掘技术

    E. 数据可视化技术　　　　　　　　　F. 互联网技术

    J. 物联网技术

5. 大数据技术根据数据的流向自底向上划分 5 层,分别为(　　)。(多选题)

    A. 数据采集层　　　　　　　　　　　B. 数据处理层

    C. 数据分析层　　　　　　　　　　　D. 数据访问层

    E. 数据应用层　　　　　　　　　　　F. 数据传输层

    G. 数据链路层　　　　　　　　　　　H. 数据网络层

二、问答题

1. 分析一个大数据系统的总体架构,要弄清楚哪两个问题?

2. 画图描述大数据系统的总体架构。

3. 概要描述大数据的技术框架。

4. 简述数据采集层的详细功能与应用。

5. 简要解释数据处理层有哪两种处理方式。

第二部分　大数据理论与技术

第3章

大数据系统输入

3.1 大数据采集过程及数据来源

数据采集又称为数据获取,是利用一种装置,从系统外部采集数据并输入系统内部的一个接口。在互联网快速发展的今天,数据采集已经被广泛应用于互联网及分布式领域,例如摄像头和麦克风,都是数据采集工具。

3.1.1 大数据采集来源

根据应用系统分类,大数据的采集主要有 4 种来源:管理信息系统、Web 信息系统、物理信息系统和科学实验系统。

1. 管理信息系统

管理信息系统是指企业、机关内部的信息系统,如事务处理系统和办公自动化系统,主要用于经营和管理,为特定用户的工作和业务提供支持。数据的产生既有终端用户的原始输入,也有系统的二次加工处理。系统的组织结构是专用的,数据通常是结构化的。

2. Web 信息系统

Web 信息系统包括互联网上的各种信息系统,如社交网站、社会媒体和搜索引擎等,主要用于构造虚拟的信息空间,为广大用户提供信息服务和社交服务。系统的组织结构是开放式的,大部分数据是半结构化或无结构化的。数据的产生者主要是在线用户。电子商务和电子政务是在 Web 上运行的管理信息系统。

3. 物理信息系统

物理信息系统是指关于各种物理对象和物理过程的信息系统,如实时监控和实时检测,主要用于生产调度、过程控制、现场指挥和环境保护等。系统的组织结构是封闭的,数据由各种嵌入式传感设备产生,可以是关于物理、化学、生物等性质和状态的基本测量值,也可以是关于行为和状态的音频、视频等多媒体数据。

4. 科学实验系统

科学实验系统实际上也属于物理信息系统,但其实验环境是预先设定的,主要用于研究和学术,数据是有选择的、可控的,有时可能是人工模拟生成的仿真数据。

从人-机-物三元世界观点看,管理信息系统和 Web 信息系统属于人与计算机的交互系统,物理信息系统属于物与计算机的交互系统。关于物理世界的原始数据,在人-机系统中,是通过人实现融合处理的;而在物-机系统中,需要通过计算机等装置进行专门处理。融合处理后的数据,被转换为规范的数据结构,输入并存储在专门的数据管理系统中,如文件或数据库,形成专门的数据集。

3.1.2　大数据采集过程

足够的数据量是大数据战略建设的基础,因此,数据采集就成了大数据分析的前站。采集是大数据价值挖掘重要的一环,其后的分析挖掘都建立在采集的基础上。

数据采集有基于物联网传感器的采集,也有基于网络信息的数据采集。例如在智能交通中,数据采集有基于 GPS 的定位信息采集、基于交通摄像头的视频采集、基于交通卡口的图像采集和基于路口的线圈信号采集等。

在互联网上的数据采集是对各类网络媒介,如搜索引擎、新闻网站、论坛、微博、博客和电商网站等的各种页面信息和用户访问信息进行采集,采集的内容主要有文本信息、URL、访问日志、日期和图片等。之后需要把采集到的各类数据进行清洗、过滤和去重等各项预处理并分类归纳存储。

前面已经讲过,数据采集过程中涉及数据抽取、转换和加载 3 个过程。数据采集的 ETL 工具负责将分布的、异构数据源中的不同种类和结构的数据(如文本数据、关系数据,以及图片、视频等非结构化数据等)抽取到临时中间层后进行清洗、转换、分类和集成,最后加载到对应的数据存储系统(如数据仓库或数据集市)中,成为联机分析处理和数据挖掘的基础。

针对大数据的 ETL 工具同时又有别于传统的 ETL 处理过程,因为一方面大数据的体量巨大,另一方面数据的产生速度也非常快,例如一个城市的视频监控头、智能电表每一秒都在产生大量的数据,对数据的预处理需要实时快速。因此,在 ETL 的架构和工具选择上,也会采用如分布式内存数据库、实时流处理系统等现代信息技术。

现代社会行业、部门中存在各种不同的应用和各种数据格式及存储需求,为实现跨行业、跨部门的数据整合,尤其是在智慧城市建设中,需要制定统一的数据标准、交换接口以及共享协议,这样不同行业、不同部门、不同格式的数据才能基于一个统一的基础进行访问、交换和共享。

3.2　大数据采集方法

数据采集系统整合了信号、传感器、激励器、信号调理、数据采集设备和应用软件。在数据大爆炸的互联网时代,数据的类型也是复杂多样的,包括结构化数据、半结构化数据和非结构化数据。结构化数据最常见,就是具有模式的数据。非结构化数据是数据结构不规则或不完整,没有预定义的数据模型,包括所有格式的办公文档、文本、图片、XML、HTML、各类报表、图像、音频和视频信息等。大数据采集是大数据分析的入口,所以是相当重要的一个环节。

常用的数据采集方法归结为三类:传感器数据采集、系统日志采集方法数据采集和网络爬虫数据采集。

1. 传感器数据采集

传感器通常用于测量物理变量,一般包括声音、温湿度、距离和电流等,将测量值转化为数字信号,传送到数据采集点,让物体有了触觉、味觉和嗅觉等功能,让物体慢慢变得活了起来。传感器数据采集如图 3.1 所示。

2. 系统日志采集方法数据采集

日志文件数据一般由数据源系统产生,用于记录数据源的执行的各种操作活动,例如网络监控的流量管理、金融应用的股票记账和Web 服务器记录的用户访问行为。

图 3.1　传感器数据采集

很多互联网企业都有自己的海量数据采集工具,多用于系统日志采集,这些工具均采用分布式架构,能满足每秒数百兆字节的日志数据采集和传输需求。系统日志采集方法如图 3.2 所示。

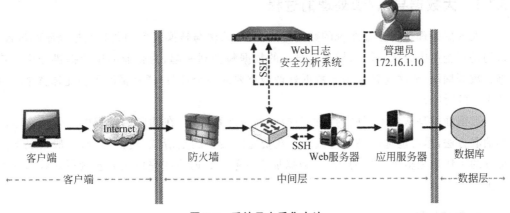

图 3.2　系统日志采集方法

3. 网络爬虫数据采集

网络爬虫是指为搜索引擎下载并存储网页的程序,它是搜索引擎和 Web 缓存的主要的数据采集方式。通过网络爬虫或网站公开 API 等方式从网站上获取数据信息。该方法可以将非结构化数据从网页中抽取出来,将其存储为统一的本地数据文件,并以结构化的方式存储。它支持图片、音频、视频等文件或附件的采集,附件与正文可以自动关联。网络爬虫自动提取网页的过程如图 3.3 所示。

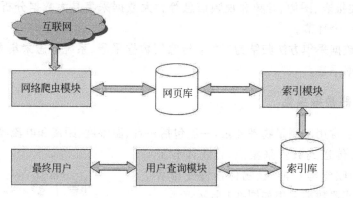

图 3.3 网络爬虫自动提取网页的过程

此外,对于企业生产经营数据上的客户数据、财务数据等保密性要求较高的数据,可以通过与数据技术服务商合作,使用特定系统接口等相关方式采集数据。

数据采集是挖掘数据价值的第一步,当数据量越来越大时,可提取出来的有用数据必然也就更多。只要善用数据化处理平台,便能够保证数据分析结果的有效性,助力企业实现数据驱动。

3.3 大数据导入/预处理

3.3.1 大数据导入/预处理的过程

大数据处理是将业务系统的数据经过抽取、清洗与转换之后加载到数据仓库的过程,目的是将企业中分散、零乱、标准不统一的数据整合到一起,为企业的决策提供分析的依据。数据抽取、清洗与转换是大数据处理最重要的一个环节,通常情况下会花掉整个项目的 1/3 的时间。

数据抽取是从各个不同的数据源抽取到处理系统中,在抽取的过程中需要挑选不同的抽取方法,尽可能地提高运行效率。花费时间最长的是清洗、转换部分,一般情况下这部分的工作量是整个过程的 2/3。数据加载一般在数据清洗完成之后直接写入数据仓库中去。

1. 数据抽取

数据抽取需要在调研阶段做大量工作,首先要搞清楚以下几个问题:数据从几个业务系统中来?各个业务系统的数据库服务器运行什么数据库管理系统(DBMS)?是否存在手工数据?手工数据量有多大?是否存在非结构化数据?等等类似问题,当采集完这些信息之后才可以进行数据抽取的设计。

(1)与存放数据仓库(Data Warehouse,DW)相同的数据源处理方法。这一类数据源在设计时比较容易,一般情况下,数据库管理系统(包括 SQL Server、Oracle)都会提供数据库连接功能,在 DW 数据库服务器和原业务系统之间建立直接的连接关系就可以使用 Select 语句直接访问。

(2) 与 DW 数据库系统不同的数据源的处理方法。

这一类数据源一般情况下也可以通过开放数据库连接(Open Database Connectivity,ODBC)的方式建立数据库连接,如 SQL Server 与 Oracle 之间。如果不能建立数据库连接,可以有两种方式完成:一种方式是通过工具将源数据导出成.txt 或者 .xls 文件,然后再将这些源系统文件导入操作数据存储(Operational Data Store,ODS) 中;另一种方法通过程序接口来完成。

(3) 对于文件类型数据源(txt、xls),可以培训业务人员利用数据库工具将这些数据导入指定的数据库,然后从指定的数据库抽取。

(4) 增量更新问题。对于数据量大的系统,必须考虑增量抽取。一般情况下,业务系统会记录业务发生的时间,可以用作增量的标志,每次抽取之前首先判断 ODS 中记录最大的时间,然后根据这个时间去业务系统取大于这个时间的所有记录。利用业务系统的时间戳,一般情况下,业务系统没有或者部分有时间戳。

2. 数据清洗与转换

一般情况下,数据仓库分为操作数据存储和数据仓库两部分,通常的做法是从业务系统到 ODS 做清洗,将脏数据和不完整数据过滤掉,再从 ODS 到 DW 的过程中进行转换,进行一些业务规则的计算和聚合。

1) 数据清洗

数据清洗的任务是过滤那些不符合要求的数据,将过滤的结果交给业务主管部门,确认是否过滤掉,还是由业务单位修正之后再进行抽取。不符合要求的数据主要是有不完整的数据、错误的数据和重复的数据三大类。

(1) 不完整的数据。其特征是一些应该有的信息缺失,如供应商的名称、分公司的名称、客户的区域信息缺失,业务系统中主表与明细表不能匹配等。需要将这一类数据过滤出来,按缺失的内容分别写入不同 Excel 文件向客户提交,要求在规定的时间内补全。补全后才写入数据仓库。

(2) 错误的数据。产生原因是业务系统不够健全,在接收输入后没有进行判断直接写入后台数据库造成的,例如数值数据输成全角数字字符、日期格式不正确、日期越界等。这一类数据也要分类,对于类似于全角字符、数据前后有不面见字符的问题只能靠写 SQL 查询语句的方式找出来,然后要求客户在业务系统修正之后抽取;日期格式不正确的或者日期越界的这一类错误会导致 ETL 运行失败,这一类错误需要去业务系统数据库用 SQL 的方式挑出来,交给业务主管部门要求限期修正,修正之后再抽取。

(3) 重复的数据。特别是表中比较常见,将重复的数据记录的所有字段导出来,让客户确认并整理。

数据清洗是一个反复的过程,不可能在几天内完成,只有不断地发现问题和解决问题。对于是否过滤、是否修正一般要求客户确认;对于过滤掉的数据,写入 Excel 文件或者将过滤数据写入数据表,在 ETL 开发的初期可以每天向业务单位发送过滤数据的邮件,促使它们尽快地修正错误,同时也可以作为将来验证数据的依据。数据清洗需要注意的是不要将有用的数据过滤掉,对于每个过滤规则认真进行验证,并要用户确认才行。

2) 数据转换

数据转换的任务主要是进行不一致的数据转换、数据粒度的转换和一些商务规则的计算。

(1) 不一致数据的转换。这个过程是一个整合的过程,将不同业务系统的相同类型的数据统一,例如同一个供应商在结算系统的编码是 XX0001,而在 CRM 中的编码是 YY0001,这样在抽取过来之后统一转换成一个编码。

(2) 数据粒度的转换。业务系统一般存储非常明细的数据,而数据仓库中的数据是用来分析的,不需要非常明细的数据。一般情况下,会将业务系统数据按照数据仓库粒度进行聚合。

(3) 商务规则的计算。不同的企业有不同的业务规则和不同的数据指标,这些指标有时不是简单地加加减减就能完成,这时需要在 ETL 中将这些数据指标计算好后存储在数据仓库中,供分析使用。

3.3.2　数据清洗的过程

对于科研工作者、工程师、业务分析者这些和数据打交道的职业,数据分析在他们工作中是一项核心任务。这不仅仅针对大数据的从业者,即使你笔记本硬盘上的数据也值得分析。数据分析的第一步是清洗数据,原始数据可能有如下不同的来源。

(1) Web 服务器的日志。

(2) 某种科学仪器的输出结果。

(3) 在线调查问卷的导出结果。

(4) 政府数据。

(5) 企业顾问准备的报告。

在理想世界中,所有记录都应该是整整齐齐的格式,并且遵循某种简洁的内在结构。但是实际并不是这样。所有这些数据的共同点:你绝对料想不到它们的各种怪异的格式。数据给你了,那就要处理,但这些数据可能经常存在以下问题。

(1) 不完整的(某些记录的某些字段缺失)。

(2) 前后不一致(字段名和结构前后不一)。

(3) 数据损坏(有些记录可能会因为种种原因被破坏)。

因此,必须经常维护清洗程序来清洗这些原始数据,把它们转化成易于分析的格式,通常称为数据整理(Data Wrangling)。接下来介绍有效清洗数据的过程。

1. 识别不符合要求的数据

从名字上看数据清洗就是把"脏"的"洗掉"。因为数据仓库中的数据是面向某一主题的数据的集合,这些数据从多个业务系统中抽取而来,而且包含历史数据,这样就避免不了有的数据是错误数据,有的数据相互之间有冲突,这些错误的或有冲突的数据显然是人们不想要的,称为"脏数据"。人们要按照一定的规则对"脏数据"进行处理,这就是数据清洗。数据清洗的任务是过滤那些不符合要求的数据,将过滤的结果交给业务主管部门,确认是否过滤掉,还是由业务单位修正之后再进行抽取。

2. 数据清洗的经验

清洗数据的程序经常会崩溃。这很好,因为每一次崩溃都意味着这些糟糕的数据又跟你最初的假设相悖了。反复地改进你的断言直到能成功地走通。但一定要尽可能让它们保持严格,不要太宽松,要不然可能达不到想要的效果。最坏的情况不是程序走不通,而是程序运行结果不是你要的结果。

以下是一些清洗数据的经验。

(1) 不要默默地跳过记录。原始数据中有些记录是不完整的或者损坏的,所以清洗数据的程序只能跳过。默默地跳过这些记录不是最好的办法,因为你不知道什么数据遗漏了。因此,如下做会更好。

① 打印出警告提示信息,这样就能够过后再去寻找什么地方出错了。

② 记录总共跳过了多少记录,成功清洗了多少记录。这样做能够让你对原始数据的质量有大致的感觉,例如,如果只跳过了 0.5%,这还说得过去,但是如果跳过了 35%,那就该看看这些数据或者代码存在什么问题了。

(2) 把变量的类别以及类别出现的频次存储起来。数据中经常有些字段是枚举类型。例如,通常血型是 A、B、AB 或者 O,但是如果某个特殊类别包含多种可能的值,尤其是当有的值你可能始料未及的话,就不能即时确认了。这时候,采用把变量的类别以及类别出现的频次存储起来就会比较好。这样做有如下好处。

① 对于某个类别,假如碰到了始料未及的新取值时,就能够打印一条消息提醒你一下。

② 洗完数据之后供你反过头来检查。例如,假如有人把血型误填成 C,那回过头来就能轻松发现了。

(3) 断点清洗。如果有大量的原始数据需要清洗,要一次清洗完就可能需要很长的时间,有可能是 5 分钟,10 分钟,一小时,甚至是几天。实际当中,经常在洗到一半时突然崩溃了。

假设有 100 万条记录,清洗程序在第 325 392 条因为某些异常崩溃了,修改这个错误,然后重新清洗,这样的话,程序就得重新从 1 清洗到 325 391 条,这是在做无用功。其实可以进行如下操作。

第一步,让清洗程序打印出来当前在清洗第几条,这样,如果崩溃了,就能知道处理到哪条时崩溃了。

第二步,让程序支持在断点处开始清洗,这样当重新清洗时,就能从 325 392 条直接开始。重新清洗的代码有可能会再次崩溃,只要再次修正错误,然后从再次崩溃的记录开始就可以了。

(4) 在一部分数据上进行测试。不要尝试一次性清洗所有数据。当刚开始写清洗代码和调试程序时,在一个规模较小的子集上进行测试,然后扩大测试的这个子集再测试。这样做的目的是能够让清洗程序很快地完成测试集上的清洗,例如几秒,这样会节省反复测试的时间。

（5）把清洗日志打印到文件中。当运行清洗程序时，把清洗日志和错误提示都打印到文件当中，这样就能轻松地使用文本编辑器来查看它们了。

（6）可选：把原始数据一并存储下来。当不用担心存储空间时这一条经验还是很有用的。这样做能够让原始数据作为一个字段保存在清洗后的数据中，清洗完后，如果发现哪条记录不对劲了，就能够直接看到原始数据长什么样子，方便进行程序调试。

（7）验证清洗后的数据。注意写一个验证程序来验证清洗后得到的干净数据是否与预期的格式一致。虽然不能控制原始数据的格式，但是能够控制干净数据的格式。所以，一定要确保干净数据的格式是符合你预期的格式的。

这一点其实非常重要，因为完成了数据清洗之后，接下来就会直接在这些干净数据上进行下一步工作了。如非万不得已，甚至再也不会碰那些原始数据了。因此，在开始数据分析之前要确保数据足够干净。要不然，可能会得到错误的分析结果，到那时，就很难再发现很久之前的数据清洗过程中犯的错了。

3.3.3　数据清洗与数据采集技术

随着信息化进程的推进，人们对数据资源整合的需求越来越明显。但面对分散在不同地区、种类繁多的异构数据库进行数据整合并非易事，要解决冗余、歧义等"脏数据"的清洗问题。仅靠手工进行不但费时费力，质量也难以保证；另外，数据的定期更新也存在困难。如何实现业务系统数据整合，是摆在大数据面前的难题。ETL 数据转换系统为数据整合提供了可靠的解决方案。

ETL 数据抽取、转换和加载过程负责将分布的、异构数据源中的数据（如关系数据、平面数据文件等）抽取到临时中间层后进行清洗、转换和集成，最后加载到数据仓库或数据集市中，成为联机分析处理、数据挖掘的基础。它可以批量完成数据抽取、清洗、转换和加载等任务，不但满足了人们对种类繁多的异构数据库进行整合的需求，同时可以通过增量方式进行数据的后期更新。

主流 ETL 体系结构如图 3.4 所示。

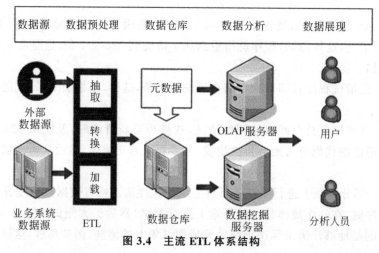

图 3.4　主流 ETL 体系结构

ETL 过程中的主要环节就是数据抽取、转换和加载。为了实现这些功能,各个 ETL 工具一般会进行一些功能上的扩充,例如工作流、调度引擎、规则引擎、脚本支持和统计信息等。

数据抽取是从数据源中抽取数据的过程。实际应用中,不管数据源采用的是传统关系数据库还是新兴的 NoSQL 数据库,数据抽取一般有以下 3 种方式。

1. 全量抽取

全量抽取是 ETL 在集成端进行数据的初始化时,首先由业务人员或相关的操作人员定义抽取策略,选定抽取字段和定义规则后,由设计人员进行程序设计;将数据进行处理后,直接读取整个工作表中的数据作为抽取的内容,类似于数据迁移,是 ETL 过程中最简单的步骤,其简单性主要适用于处理一些对用户非常重要的数据表。

2. 增量抽取

增量抽取主要发生在全量抽取之后。全量抽取之后,对上次抽取过的数据源表中新增的或被修改的数据进行抽取,称为增量抽取。增量抽取可以减少抽取过程中的数据量,提高抽取速度和效率,减少网络流量,同时,增量抽取的实现,对异构数据源和数据库中数据的变化能准确把握。

信息抽取不是仅仅从大量的文献集或数据集中找出适合用户需要的那篇文献或部分内容,而是抽取出真正适合用户需要的相关信息片段,提供给用户,并找出这些信息与原文献直接的参考对照。

3. 数据转换和加工

从数据源中抽取的数据不一定完全满足目的库的要求,例如数据格式不一致、数据输入错误和数据不完整等,还要对抽取出的数据进行数据转换和加工。

数据转换是真正将源数据库中的数据转换为目标数据的关键步骤,在这个过程中通过对数据的合并、汇总、过滤以及重新格式化和再计算等,从而将操作型数据库中的异构数据转换成用户所需要的形式。数据的转换和加工可以在 ETL 引擎中进行,也可以在数据抽取过程中利用数据库的特性同时进行。

3.3.4　基于大数据的数据预处理

毫无疑问,数据预处理在整个数据挖掘流程中占有非常重要的地位,可以说 60% 甚至更多的时间和资源都花费在数据预处理上了。

传统背景下数据预处理更多的是对数据库的清洗,这些数据有比较固定的模式,数据维度也不是很多,而且每一维度的数据类型(离散、连续数值和类标)以及包含的信息都能很明确。

大数据背景下的数据预处理更倾向于对数据仓库的清洗。首先,数据都是异源(各种数据来源),这个要统一起来就有很大的工作量;其次,数据可能没有固定的结构,或者称为非结构化数据,例如文本;再次,就是数据量大,大到单机程序或者小的分布式集群无法在给定时间范围内处理完毕;最后,数据量太大导致很多有用的信息被噪声淹没,甚至都不知道这些数据能干什么,分不清主次。

1. 为什么要预处理数据

(1) 现实世界的数据是"脏"的(不完整,含噪声,不一致)。

(2) 没有高质量的数据,就没有高质量的挖掘结果(高质量的决策必须依赖于高质量的数据;数据仓库需要对高质量的数据进行一致地集成)。

(3) 原始数据中存在的问题:存在不一致(数据内含出现不一致情况)、重复、不完整(没有感兴趣的属性)、含噪声(数据中存在着错误)、高维度或异常(偏离期望值)的数据。

2. 数据预处理的方法

(1) 数据清洗:去噪声和无关数据。

(2) 数据集成:将多个数据源中的数据结合起来存放在一个一致的数据存储中。

(3) 数据变换:把原始数据转换成为适合数据挖掘的形式。

(4) 数据规约:主要方法包括数据立方体聚集、维度归约、数据压缩、数值归约、离散化和概念分层等。

3. 数据选取参考原则

(1) 尽可能赋予属性名和属性值明确的含义。

(2) 统一多数据源的属性编码。

(3) 去除唯一属性。

(4) 去除重复属性。

(5) 去除可忽略字段。

(6) 合理选择关联字段。

(7) 进一步处理:通过填补遗漏数据、消除异常数据、平滑噪声数据,以及纠正不一致数据,去掉数据中的噪声、填充空值、丢失的值和处理不一致数据。

4. 数据预处理的知识要点

数据预处理相关的知识要点、能力要求和相关知识点如表 3.1 所示。

表 3.1　数据预处理的知识要点、能力要求和相关知识点

知识要点	能力要求	相关知识点
数据预处理的原因	(1) 了解原始数据存在的主要问题 (2) 明白数据预处理的作用和工作任务	(1) 数据的一致性问题 (2) 数据的噪声问题 (3) 原始数据的不完整和高维度问题
数据预处理的方法	(1) 掌握数据清洗的主要任务和常用方法 (2) 掌握数据集成的主要任务和常用方法 (3) 掌握数据变换的主要任务和常用方法 (4) 掌握数据规约的主要任务和常用方法	(1) 数据清洗 (2) 数据集成 (3) 数据变换 (4) 数据规约

5. 数据清洗的步骤

刚拿到的数据→与数据提供者讨论沟通→通过数据分析(借助可视化工具)发现"脏数据"→清洗脏数据(借助 MATLAB、Java 或 C++ 语言)→再次统计分析(使用 Excel 的 Data Analysis,进行最大值、最小值、中位数、众数、平均值和方差等的分析,画出散点图)→再次发现"脏数据"或者与实验无关的数据(去除→最后实验分析→社会实例验证→结束)。

3.4　数据集成

3.4.1　数据集成的概念

数据集成是指将不同应用系统、不同数据形式,在原有应用系统不做任何改变的条件下,进行数据采集、转换和存储的数据整合过程。在数据集成领域,已经有很多成熟的框架可以利用。目前通常采用基于中间件模型和数据仓库等方法来构造集成的系统,这些技术在不同的着重点和应用上解决数据共享和为企业提供决策支持。

数据集成的目的:运用技术手段将各个独立系统中的数据按一定规则组织成为一个整体,使得其他系统或者用户能够有效地对数据进行访问。数据集成是现有企业应用集成解决方案中最普遍的一种形式。数据处于各种应用系统的中心,大部分的传统应用都是以数据驱动的方式进行开发。之所以进行数据集成是因为数据分散在众多具有不同格式和接口的系统中,系统之间互不关联,所包含的不同内容之间互不相通。因此,需要一种能够轻松地访问特定异构数据库数据的能力。

3.4.2　数据集成面临的问题

在信息系统建设过程中,由于受各子系统建设中具体业务要求、实施本业务管理系统的阶段性、技术性以及其他经济和人为因素等影响,导致在发展过程中积累了大量采用不同存储方式的业务数据。包括所采用的数据管理系统也大不相同,从简单的文件数据库到复杂的关系数据库,它们构成了企业的异构数据源。异构数据源集成是数据库领域的经典问题。

3.5　数据变换

计算机网络的普及,使得数据资源的共享成为一个热门话题。然而,由于时间和空间上的差异,人们使用的数据源各不相同,各信息系统的数据类型、数据访问方式等也都千差万别。这就导致各数据源、系统之间不能高效地进行数据交换与共享,成为"信息孤岛"。

用户在具体应用时,往往又需要将分散的数据按某种需要进行交换,以便了解整体情况。例如,跨国公司的销售数据是分散存放在不同的子公司数据库中,为了解整个公司的销售情况,则需要将所有子系统的数据集中起来。为了满足一些特定需要,如数据仓库和数据挖掘等,也需要将分散的数据交换集中起来,以达到数据的统一和标准化。异构数据的交换问题由此产生,受到越来越多人的重视。

用户在进行数据交换时,面对的数据是千差万别的。产生数据差异的主要原因是数据的结构和语义上的冲突。异构数据不仅指不同的数据库系统之间的异构,如 Oracle 和 SQL Server 数据库,还包括不同结构数据之间的异构,如结构化的数据库数据和半结构化的数据。源数据可以是关系型的,也可以是对象型的,更可以是 Web 页面型和文本型的。因此,要解决数据交换问题,一个重要的问题就是如何消除这种差异。随着数据的大量产生,数据之间的结构和语义冲突问题更加严重,如何有效解决各种冲突问题是数据交换面临的一大挑战。

异构数据交换问题解决后,才会对其他诸如联机分析处理、联机事务处理、数据仓库、数据挖掘和移动计算等提供数据基础。对一些应用,如数据仓库的建立,异构数据交换可以说是生死攸关。数据交换质量的好坏直接影响在交换后数据上其他应用能否有效进行。数据交换后,可以减小由于数据在存储位置上分布造成的数据存取开销;避免不同数据在结构和语义上的差异造成的数据转换引起的错误;数据存放更为精简有效,避免存取不需要的数据;向用户提供一个统一的数据界面等。因此,数据交换对信息化管理的发展意义重大。

3.5.1　异构数据分析

异构数据交换的目标在于实现不同数据之间的数据信息资源、设备资源、人力资源的合并和共享。因此,分析异构数据,搞清楚异构数据的特点,把握住异构数据交换过程中的核心问题,是十分必要的。这样研究工作就可以做到有的放矢。

1. 异构数据

数据的异构性导致了应用对于数据交换的需求。什么是异构数据呢? 异构数据是一个含义丰富的概念,它是指涉及同一类型但在处理方法上存在各种差异的数据,在内容上,不仅可以指不同的数据库系统之间的数据是异构的(如 Oracle 和 SQL Server 数据库中的数据);而且可以指不同结构的数据之间的异构(如结构化的 SQL Server 数据库数据和半结构化的 XML 数据)。

总的来说,数据的异构性包括系统异构、数据模型异构和逻辑异构。

1) 系统异构

系统异构是指硬件平台、操作系统、并发控制、访问方式和通信能力等的不同,具体细分如下。

(1) 计算机体系结构的不同,即数据可以分别存在于大型机、小型机、工作站、PC 或嵌入式系统中。

(2) 操作系统的不同,即数据的操作系统可以是 Microsoft Windows、Windows NT、各种版本的 UNIX、IBM OS/2 和 Macintosh 等。

(3) 开发语言的不同,如 C、C++、Java 和 Python 等。

(4) 网络平台的不同,如 Ethernet、FDDI、ATM、TCP/IP 和 IPX\SPX 等。

2）数据模型异构

数据模型异构指对数据库进行管理的系统软件本身的数据模型不同,例如数据交换系统可以采用同为关系数据库系统的 Oracle、SQL Server 等作为数据模型,也可以采用不同类型的数据库系统——关系、层次、网络、面向对象或函数数据库等。

3）逻辑异构

逻辑异构包括命名异构、值异构、语义异构和模式异构等。例如语义的异构具体表现在相同的数据形式表示不同的语义,或者同一语义由不同形式的数据表示。

以上这些构成了数据的异构性,数据的异构给行业单位和部门等的信息化管理以及决策分析带来了极大的不便。因此,异构数据交换是否迅速、快捷、可靠就成了行业、单位和部门制约信息化建设的一个瓶颈。

2. 冲突分类

异构数据之间进行数据交换的过程中,要想实现严格的等价交换是比较困难的。主要原因是由于异构数据模型间存在结构和语义的各种冲突,这些冲突主要包括如下。

(1)命名冲突。命名冲突指源模型中的标识符可能是目的模型中的保留字,这时就需要重新命名。

(2)格式冲突。同一种数据类型可能有不同的表示方法和语义差异,这时需要定义两种模型之间的变换函数。

(3)结构冲突。如果两种数据库系统之间的数据定义模型不同,如分别为关系模型和层次模型,那么需要重新定义实体属性和联系,以防止属性或联系信息的丢失。

由于目前主要研究的是关系数据模型间的数据交换问题,根据解决问题的需要,可将上述三大类冲突再次抽象划分为两大冲突:结构冲突和语义冲突。结构冲突是指需要交换的源数据和目标数据之间在数据项构成的结构上的差异。语义冲突是指属性在数据类型、单位、长度和精度等方面的冲突。

3.5.2　异构数据交换策略

异构数据交换技术的研究始于 20 世纪 70 年代中期,经过多年对异构数据问题的探索和研究,已取得了不少成果,提出了许多解决异构数据交换的策略及方法,但就其本质可分成 4 类。

1. 使用软件工具进行转换

一般情况下,数据库管理系统都提供将外部文件中的数据转移到本身数据库表中的数据装入工具。如 Oracle 提供的将外部文本文件中的数据转移到 Oracle 数据库表的数据装入工具 SQL Loader,Powersoft 公司的 PowerBuilder 中提供的数据管道(Data Pipeline)。

这些数据转移工具可以以多种灵活的方式进行数据转换,而且由于它们是数据库管理系统本身所附带的工具,执行速度快,不需要开放数据库连接(Open Database Connectivity,ODBC)软件支持,在机器没有安装 ODBC 的情况下也可以方便地使用。

但是,使用这些数据转换工具的缺点是它们不是独立的软件产品,必须首先运行该数据库产品的前端程序才能运行相应的数据转换工具,通常需要几步才能完成,且多用手工方式进行转换。如果目的数据库不是数据转换工具所对应的数据库,数据转换工具就不能再使用。

2. 利用中间数据库的转换

由于缺少工具软件的支持,在开发系统时可使用中间数据库的办法,即在实现两个具体数据库之间转换时,依据关系定义和字段定义,从源数据库中读出数据通过中间数据库灌入到目的数据库中。

这种利用中间数据库的转换办法,所需转换模块少且扩展性强,但缺点是在实现过程中比较复杂,转换质量不高,转换过程长。

3. 设置传送变量的转换

借助数据库应用程序开发工具与数据库连接的强大功能,通过设置源数据库与目的数据库两个不同的传送变量,同时连接两个数据库,实现异构数据库之间的直接转换。这种办法在现有的数据库系统下扩展比较容易,其转换速度和质量大大提高。

4. 通过开发数据库组件的转换

利用 Java 等数据库应用程序开发技术,通过源数据库与目的数据库组件来存取数据信息,实现异构数据库之间的直接转换。通过组件存取数据,关键是数据信息的类型问题,如果源数据库与目的数据库对应的数据类型不相同,必须先进行类型的转化,然后双方才能实施赋值。

异构数据交换问题,实质上就是:一个应用的数据可能要重新构造,才能和另一个应用的数据结构匹配,然后被写进另一个数据库。它是数据集成的一个方面,也可以说是数据集成众多表现形式中的一种。

3.5.3　异构数据交换技术

实现异构数据交换的方法和技术较多,这里列出 XML、本体技术和 Web Service 等几项技术。

1. 基于 XML 的异构数据交换技术

1) 可扩展标记语言

可扩展标记语言(Extensible Markup Language,XML)是一种用于标记电子文件使其具有结构性的标记语言。在电子计算机中,标记指计算机所能理解的信息符号,通过此种标记,计算机之间可以处理包含的各种信息,如文章等。

XML 提供了一种灵活的数据描述方式。XML 支持数据模式、数据内容和数据显示方式三者分离的特点,这使得同一数据内容在不同终端设备上的个性化数据表现形式成为可能,在数据描述方式上可以更加灵活。这使得 XML 可以为结构化数据、半结构化数据、关系数据库和对象数据库等多种数据源的数据内容加入标记,适于作为一种统一的数据描述工具,扮演异构应用之间数据交换载体或多源异构数据集成全局模式的角色。

2) 基于 XML 的异构数据交换的总体过程

由于系统的异构性,需要交换的数据具有多个数据源,不同数据源的数据模式可能不同,导致源数据和目标数据在结构上存在差异。

在进行数据交换时,首先必须将数据模型以统一的 XML 格式来描述,通过定义一种特殊文档 DTD(Document Type Definition),从而将源数据库中的数据转换成结构化的 XML 文档,然后使用文档对象模型(Document Object Model,DOM)技术来解析 XML 文档,这样就可以将 XML 文档中的数据存入目标数据库,从而实现了异构数据的交换。

由于 DTD 文档定义的数据结构与源数据库中的数据结构保持一致,这样保证了生成的 XML 文档与源数据库中数据保持一致。

基于 XML 的异构数据交换的总体过程如图 3.5 所示。

图 3.5　基于 XML 的异构数据交换的总体过程

2. 本体技术

本体是对某一领域中的概念及其之间关系的显式描述。本体技术是语义网络的一项关键技术。本体技术能够明确表示数据的语义以及支持基于描述逻辑的自动推理。为语义异构性问题的解决提供了新的思路,对异构数据集成来说有很大的意义。

本体技术也存在一定的问题:已有关于本体技术的研究都没有充分关注如何利用本体提高数据集成过程和系统维护的自动化程度、降低集成成本、简化人工工作。基于语义进行自动的集成尚处于探索阶段,本体技术还没有真正发挥应有的作用。

3. Web Service 技术

Web Service 是近年来备受关注的一种分布式计算技术。它是在互联网(Internet)或企业内部网(Intranet)上使用标准的 XML 和信息格式的全新的技术架构。从用户角度上看,Web Service 就是一个应用程序,它只是向外界显现出一个可以调用的应用程序接口(Application Programming Interface,API)。服务请求者能够用非常简便的类似于函数调用的方法通过 Web 来获得远程服务,服务请求者与服务提供者之间的通信遵循简单对象访问协议(Simple Object Access Protocol,SOAP)。

Web Service 体系结构由角色和操作组成。角色主要有服务提供者(Service Provider)、服务请求者(Service Requestor)和服务注册中心(Service Registry)。操作主要有发布(Publish)、发现(Find)、绑定(Bind)、服务(Service)和服务描述(Service Description),Web Service 架构如图 3.6 所示。

其中,"发布"是为了让用户或其他服务知道某个 Web Service 的存在和相关信息,

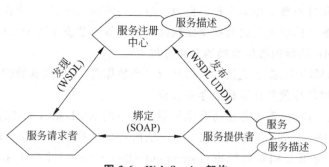

图 3.6　Web Service 架构

"发现"是为了找到合适的 Web Service，"绑定"则是在服务提供者与服务请求者之间建立某种联系。

　　在异构数据库集成系统中，可以利用 Web Service 具有的跨平台、完好封装及松散耦合等特性，对每个数据源都为其创建一个 Web Service，使用 WSDL 向服务注册中心注册，然后集成系统就可以向服务注册中心发送查找请求并选择合适的数据源，并通过 SOAP 从这些数据源获取数据。这样不仅有利于数据集成中系统异构问题的解决，同时也使得数据源的添加和删除变得更加灵活，从而使系统具有松耦合、易于扩展的良好特性，能实现异构数据库的无缝集成。

3.6　大数据应用案例：电影《爸爸去哪儿》大卖有前兆吗

　　2014 年 1 月 25 日《爸爸去哪儿》(见图 3.7)首映发布会在北京举行。有媒体问郭涛：电影拍摄期只有 5 天，你怎么让观众相信，这是一部有品质的电影？

图 3.7　《爸爸去哪儿》

　　2014 年 1 月 27 日，某娱乐频道挂出头条策划——只拍了 5 天的《爸爸去哪儿》，值得走进电影院吗？

　　光线传媒总裁王长田解释：一般的电影只有 2～3 台摄影机，而《爸爸去哪儿》用了 30 多台摄影机，所以这 5 天的拍摄时间，却有 10 倍的素材量，在剪辑量上，甚至比一般电影还大。

　　关于这个话题的讨论，看上去好像很多很多，但观众真的很在乎这件事情吗？《爸爸去哪儿》大卖，到底是让大家大跌眼镜的偶然事件，还是早有前兆呢？

1. 真人秀电影 5 天拍完，观众真的在乎吗

《爸爸去哪儿》是一部真人秀电影，制作流程在中国电影史上也没有可参照对象，但我们依然担心会有很多人贴标签——5 天拍完，粗制滥造！

本着危机公关心态出发，伯乐营销做了一次大数据挖掘，想看看到底有多少人在质疑《爸爸去哪儿》"圈钱"的事情，以及在提到这件事情，截至 2014 年 1 月 11 日，新浪微博仅有 536 人在讨论此话题（含转发人数），而其中还有近一半的人数表示，"圈钱"也要看，"圈钱"也无所谓的态度。比起动辄对影片内容数十万条的讨论和追捧，这个话题讨论量简直是沧海一粟，如图 3.8 所示。

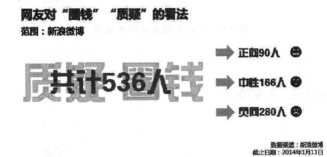

图 3.8　网友对"圈钱"的看法

反过来想一想，一部电影拍 5 年，就值得进电影院了吗？商业电影环境里，观众买单的是结果，而不是努力的过程。

2. 原班人马出演，很重要吗

由热门电视剧改编成电影的项目有很多，这里面有票房大卖的，如《武林外传》和《将爱》，也有票房惨淡的，如《奋斗》《宫锁沉香》和《金太狼的幸福生活》，用比较粗暴的方式分类，前者基本是原班人马出演，而后者的主演都变了，虽然单单看这几个项目，就推出"热门电视剧改编电影＋原班人马＝票房大卖"未免太粗暴，但不得不说，原班人马对于项目成功一定是加分因素。而通过大数据调查发现，对于《爸爸去哪儿》大电影这个项目来说，原班人马更是至关重要。

当《爸爸去哪儿》大电影项目刚刚曝光，还没有公布主演的短短两三天，在新浪微博上参与"原班人马"的讨论量便已经超过 2 万条。43.38％的网友表示，原班人马就会看；47.06％的人表示，希望是原班人马出演；9.56％的网友表示，不是原班人马不看。无论是从声量的绝对值上，还是从期待人数的比例上，都能够证明五对星爸和萌娃合体的价值，如图 3.9 所示。

与此同时，作者也调研了《武林外传》《将爱》《宫锁沉香》和《奋斗》4 部电影在新浪微博上对于"原班人马"的讨论，虽然样本比《爸爸去哪儿》大电影小得多，但从分布比例上，能明显看出，《奋斗》和《宫锁沉香》没有使用原班人马，有失人心。成功案例和失败案例分别如图 3.10 和图 3.11 所示。

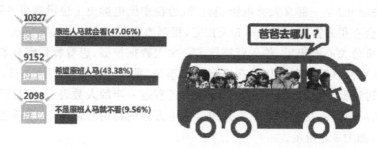

图 3.9　是否原班人马调查结果

图 3.10　成功案例

图 3.11　失败案例

3. 谁才是真正的"合家欢"

春节档公映的电影,几乎每一部电影在宣传时,都要给自己贴上"合家欢"电影的标签,"合家欢"真的那么重要吗?

一般每年的春节档都是电影院的业务爆发期,而在这其中最受电影院欢迎的电影就是"合家欢"类型的电影,不难理解,适合全家一起看的,能够带动更多消费,符合这样类型的电影,必然会受电影院的欢迎。以春节档的《大闹天宫》《爸爸去哪儿》《澳门风云》作为调研对象,在新浪微博上抽取以电影名和"全家"为关键词作为讨论的条目,相较于《澳门风云》,《爸爸去哪儿》和《大闹天宫》有着绝对的优势,如图 3.12 所示。

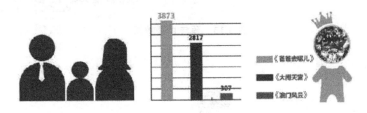

图 3.12　谁才是真正的"合家欢"电影

4. 预告片播放量,你注意了吗

数据公司随机抽取了在大年初一公映的 4 部电影在 2014 年 12 月以来发布的一款预告片和一款制作特辑,以腾讯、搜狐、新浪、优酷、土豆五家主流视频网站的播放量为调研对象,可以明显看出《爸爸去哪儿》和《大闹天宫》都是百万量级播放量,在四部电影里占尽优势。因为《大闹天宫》项目启动较早,考虑到预告片在各个平台上的长尾效应,并没有选择《大闹天宫》的首场预告片,而是选择了与其他电影在密集宣传期时相近时间主推的预告片。预告片播放量和花絮播放量如图 3.13 和图 3.14 所示。

5. 春节档,到底最想看什么

其实论来论去,片方最紧张的还是"想看"一部电影的人数,毕竟"想看"这个词,直接和票房挂钩,但这个问题最复杂,因为提供这个数据的维度非常多,有新浪微博上网友直接发出的声音,有业内营销人士非常关心的百度指数,也有像 QQ 电影票这样和用户购买行为直接相关的 App,所以在这个问题上,特地选择了几个不同的平台取样,如图 3.15~图 3.17 所示。

1) 新浪微博

新浪微博数据图如图 3.15 所示。

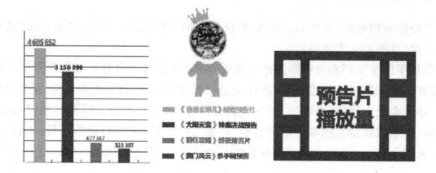

图 3.13　预告片播放量

图 3.14　花絮播放量

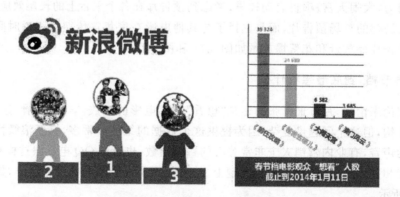

图 3.15　新浪微博数据图

从图示来看,在大年初一即将上映的 4 部电影中,提及"想看"和"期待"时,《前任攻略》的频率最高,《爸爸去哪儿》电影次之,可能这个结果与大家对未来各个电影在票房上的期待不符,但它的确反映了在微博这个阵地上各个电影因为粉丝而带来的话题讨论量。

2）百度指数

百度指数数据图如图 3.16 所示。

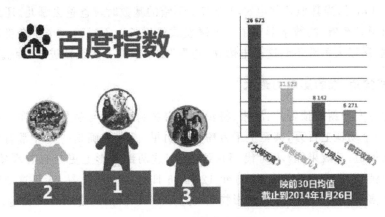

图 3.16　百度指数数据图

百度指数是电影从业人员比较看中的一个数据,之前还有人以此建模,预测电影最终票房,这个数据代表每天有多少人以片名为关键词进行搜索,在某种程度上,它的确可以反映出一部电影在网民心中的热度。因此,数据公司选取了 4 部在大年初一上映的电影的百度指数在 2014 年 1 月 26 日之前 30 天的平均值作为参考。

需要说明的是,由于《爸爸去哪儿》这部电影有综艺节目的干扰,关键词选择了"爸爸去哪儿电影",虽然这样会漏掉大量搜索数据(如此期间搜索"爸爸去哪儿大电影"的平均指数,也达到了 4200,但都没有统计在内),但即便如此,《爸爸去哪儿》的平均指数,仍在 4 部电影里排名第 2。

3）猫眼电影和 QQ 电影票

猫眼电影和 QQ 电影票数据图如图 3.17 所示。

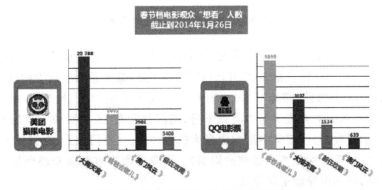

图 3.17　猫眼电影和 QQ 电影票数据图

猫眼电影和 QQ 电影票是当下两款非常流行的购票服务软件,提供影票查询信息、团购影票,以及在线座位提早预定等功能,其 App 软件已经成为学生和白领一族购买电影票的重要渠道,而在这个渠道上所体现出的"想看"和最后的消费购买距离最近,从这两个数据上来看,《大闹天宫》和《爸爸去哪儿》电影的优势最为明显。

值得注意的是,《爸爸去哪儿》电影项目公布的时间是这 4 个项目里最晚的一部,在 2013 年 12 月初时,当其他几部电影已经有了不错的基数时,《爸爸去哪儿》还是 0,但就在这一个多月里,"想看"的数字形成了一个爆发式的增长。不过这两个平台都不提供体现变化的数据,所以大家看不到这部电影在"想看"这个数据上突飞猛进的变化。

6. 微博营销,谁的影响力最大

每逢片方发布新的预告片、海报、特辑等重要物料,都会与演员沟通在其微博上配合发布,作为一个动辄上百万,甚至上千万粉丝的明星,微博的确是一个非常有效的话题和内容的输出渠道,其效果在《小时代》和《致青春》这两部电影上更是有着现象级的释放。针对微博营销,数据公司选取了 2013 年 12 月 26 日—2014 年 1 月 26 日这个时间段里,4 部电影的主演在微博上配合发布电影物料的总条数,以及由此带来的转发量和评论量,如图 3.18 所示。

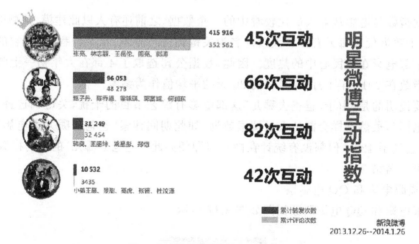

图 3.18　微博营销影响力数据图

在转发量和评论量上,《爸爸去哪儿》代表队都以绝对的优势成为最大赢家,其中林志颖共计发布 12 条微博,转发量 20.2 万,评论量 17.8 万,毫无悬念地成为称霸微博人气王,而田亮发布的 13 条微博,带来了 10.1 万转发量,6.8 万的评论量,影响力也不容小觑。《大闹天宫》代表队的主力选手是主演甄子丹,期间共发布 58 条微博,可以说是名副其实的互动王。《前任攻略》代表队中影响力最大的是韩庚。《澳门风云》在微博平台上相对比较吃亏,因为电影里的两位重要级演员周润发、谢霆锋都没有开通新浪微博,期间大部分与网友的互动,都是由导演王晶完成。

除了演员带来的巨大影响力之外,《爸爸去哪儿》综艺节目而建立起来的官方微博,也成为《爸爸去哪儿》电影版后期的宣传平台,400 余万的粉丝数量,也是其他两三万粉丝数的电影官微所不能比的,所以在物料和新媒体话题的传播上,《爸爸去哪儿》占尽了优势。

　　作为中国首部真人秀电影,《爸爸去哪儿》有它的独创性,也有它的不可复制性,也许它不是好的艺术范本,但它一定是一个好的商业范本,如果你还在拿它与《中国好声音之为你转身》相比,那真是把这个项目想得太简单了。时间点的衔接,电影的内容,档期的安排,台网宣传互动,联合营销推广,虽然项目启动最晚,但《爸爸去哪儿》在各个方面,都有着精心的安排和规划,而其之前在社交媒体上强劲的数据表现也证明,《爸爸去哪儿》能大卖,真的没什么可意外的。

习题与思考题

一、选择题

1. 下面( )不属于数据预处理的方法。

　　A. 变量代换　　　　B. 离散化　　　　C. 聚集　　　　　　D. 估计遗漏值

2. ( )的目的是缩小数据的取值范围,使其更适合于数据挖掘算法的需要,并且能够得到和原始数据相同的分析结果。

　　A. 数据清洗　　　　B. 数据集成　　　　C. 数据变换　　　　D. 数据归约

3. Google 收集的信息不包括( )。

　　A. 日志信息　　　　　　　　　　B. 位置信息

　　C. 你的家庭成员　　　　　　　　D. Cookie 和匿名标识符

4. 大数据的取舍与( )不相关。

　　A. 易于提取　　　　B. 家庭信息　　　　C. 数字化　　　　D. 廉价的存储器

5. 大数据指的是所涉及的资料量规模巨大到无法通过目前主流软件工具,在合理时间内达到抽取、管理、处理,并( )成为帮助企业经营决策更积极目的的信息。

　　A. 收集　　　　　　B. 整理　　　　　　C. 规划　　　　　　D. 聚集

6. 数据清洗的方法不包括( )。

　　A. 缺失值处理　　　　　　　　　B. 噪声数据清除

　　C. 一致性检查　　　　　　　　　D. 重复数据记录处理

7. 智能健康手环的应用开发,体现了( )的数据采集技术的应用。

　　A. 统计报表　　　　B. 网络爬虫　　　　C. API 接口　　　　D. 传感器

8. 下列关于数据重组的说法中,错误的是( )。

　　A. 数据重组是数据的重新生产和重新采集

　　B. 数据重组能够使数据焕发新的光芒

　　C. 数据重组实现的关键在于多源数据融合和数据集成

　　D. 数据重组有利于实现新颖的数据模式创新

9. 下列关于"脏数据"的说法中,正确的是( )。(多选题)

　　A. 格式不规范　　　　　　　　　B. 编码不统一

C. 意义不明确　　　　　　　　　　　D. 与实际业务关系不大

E. 数据不完整

10. 采样分析的精确性随着采样随机性的增加而(　　　),但与样本数量的增加关系不大。

A. 降低　　　　　　B. 不变　　　　　　C. 提高　　　　　　D. 无关

11. 将原始数据进行集成、变换、维度规约、数值规约是(　　　)的任务。

A. 频繁模式挖掘　　　　　　　　　　B. 分类和预测

C. 数据预处理　　　　　　　　　　　D. 数据流挖掘

二、问答题

1. 简述大数据采集的概念。

2. 绘出数据采集工作流程图。

3. 简述大数据导入/预处理的过程。

4. 什么是数据清洗?

5. 简述数据采集(ETL)技术。

6. 分别描述异构数据交换方式和技术。

大数据系统处理

大数据技术的战略意义不在于掌握庞大的数据信息,而在于对这些含有意义的数据进行专业化处理。换而言之,如果把大数据比作一种产业,那么这种产业实现盈利的关键,在于提高对数据的"加工能力",通过"加工"实现数据的"增值"。对数据的加工如图 4.1 所示。

收集数据　　　　分析结果

大数据平台

图 4.1　对数据的加工

大数据需要特殊的技术,以有效地处理大量的特定时间内必须处理完的数据。适用于大数据的技术,包括大规模并行处理(MPP)数据库、数据挖掘、分布式文件系统、分布式数据库、云计算平台、互联网和可扩展的存储系统。

从技术上看,大数据与云计算的关系就像一枚硬币的正反面一样密不可分。大数据必然无法用单台计算机进行处理,必须采用分布式架构。它的特色在于对海量数据进行分布式数据挖掘,但它必须依托云计算的分布式处理、分布式数据库和云存储、虚拟化技术。

4.1　大数据处理基础架构——云计算

4.1.1　云计算系统的体系结构

云计算(Cloud Computing)是分布式计算技术的一种,其最基本的概念是通过网络将庞大的计算处理程序自动分拆成无数个较小的子程序,再交由多台服务器所组成的庞大系统经搜寻、计算分析之后将处理结果回传给用户。以前的大规模分布式计算技术即为"云计算"的概念起源。

这可是一种革命性的举措,打个比方,这就好比是从古老的单台发电机模式转向了电厂集中供电模式。它意味着计算能力也可以作为一种商品进行流通,就像煤气、水电一样,取用方便,费用低廉。最大的不同在于,它是通过互联网进行传输的。

云计算平台连接了大量并发的网络计算和服务,可利用虚拟化技术扩展每一台服务器的能力,将各自的资源通过云计算平台结合起来,提供超级计算和存储能力。通用的云计算逻辑结构如图 4.2 所示。

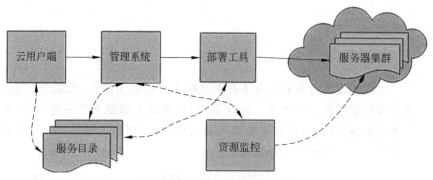

图 4.2　通用的云计算逻辑结构

云计算技术体系结构分为 4 层:物理资源层、资源池层、管理中间件层和面向服务的架构(Service-Oriented Architecture,SOA)构建层。

(1) 物理资源层包括计算机、存储器、网络设施、数据库和软件等。

(2) 资源池层是将大量相同类型的资源构成同构或接近同构的资源池,如计算资源池、存储资源池、网络资源池、数据资源池和软件资源池等。构建资源池更多的是物理资源的集成和管理工作,例如研究在一个标准集装箱的空间如何装下 2000 台服务器,解决散热和故障节点替换的问题并降低能耗。

(3) 管理中间件层负责对云计算的资源进行管理,并对众多应用任务进行调度,使资源能够高效、安全地为应用提供服务。

(4) SOA 构建层将云计算能力封装成标准的 Web Services 服务,并纳入到 SOA 体系进行管理和使用,包括服务接口、服务注册、服务查找、服务访问和服务工作流等。管理中间件层和资源池层是云计算技术的最关键部分,SOA 构建层的功能更多依靠外部设施提供。云计算体系结构如图 4.3 所示。

4.1.2　云计算的核心技术

云计算系统运用了许多技术,其中以编程模型、数据管理技术、数据存储技术、虚拟化技术和云计算平台管理技术最为关键。

云计算的先行者 Google 公司的云计算平台能实现大规模分布式计算和应用服务程序,平台包括 MapReduce 分布式处理技术、Hadoop 框架、分布式文件系统 GFS、结构化的 BigTable 存储系统、虚拟化技术以及云计算平台管理技术。

1. MapReduce 分布式处理技术

MapReduce 是 Google 公司开发的 Java、Python 和 C++ 编程工具,用于大规模数据

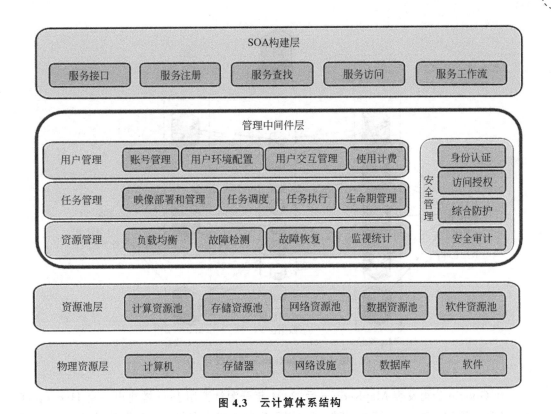

图 4.3　云计算体系结构

集(大于 1TB)的并行运算。不但是云计算的核心技术,而且是简化的分布式编程模式,适合用来处理大量数据的分布式运算,用于解决问题的程序开发模型,也是开发人员拆解问题的方法。

　　MapReduce 是一种简化的分布式编程模型和高效的任务调度模型,严格的编程模型使云计算环境下的编程十分简单。MapReduce 模式的思想:将要执行的问题分解成 Map(映射) 和 Reduce(化简) 的方式,先通过 Map 程序将数据切割成不相关的区块,分配(调度)给大量计算机处理,达到分布式运算的效果,再通过 Reduce 程序将结果汇整输出。MapReduce 架构设计如图 4.4 所示。

　　MapReduce 的工作原理其实是先分后合的数据处理方式。Map 即"分解",把海量数据分割成了若干部分,分给多台处理器并行处理;Reduce 即"合并",把各台处理器处理后的结果进行汇总操作以得到最终结果。

2. Hadoop 架构

　　Hadoop 是一个处理、存储和分析海量的分布式、非结构化数据的开源框架。最初由雅虎公司的 Doug Cutting 创建,Hadoop 的灵感来自于 MapReduce,Hadoop 集群运行在廉价的商用硬件上,这样硬件扩展就不存在资金压力。其基本概念与将海量数据限定在一台机器运行的方式不同,Hadoop 将大数据分成多个部分,这样每个部分都可以被同时处理和分析。

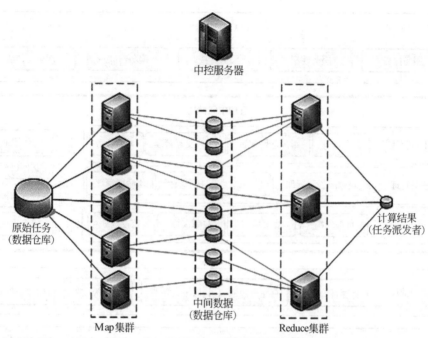

图 4.4　MapReduce 架构设计

在 Google 公司发表 MapReduce 后，2004 年开源社群用 Java 搭建出一套 Hadoop 框架，用于实现 MapReduce 算法，能够把应用程序分割成许多很小的工作单元，每个单元可以在任何集群节点上执行或重复执行。

此外，Hadoop 还提供一个分布式文件系统 GFS（Google File System），它是一个可扩展、结构化、具备日志的分布式文件系统，支持大型、分布式大数据量的读写操作，其容错性较强。

分布式数据库 BigTable 是一个有序、稀疏、多维度的映射表，有良好的伸缩性和高可用性，用来将数据存储或部署到各个计算节点上。Hadoop 框架具有高容错性及对数据读写的高吞吐率，能自动处理失败节点，如图 4.5 所示为 Google 公司的 Hadoop 架构。

在架构中 MapReduce API 提供 Map 和 Reduce 处理、GFS 和 BigTable。基于 Hadoop 可以非常轻松和方便完成处理海量数据的分布式并行程序，并运行于大规模集群上。

云计算架构 Hadoop	
MapReduce API (Map,Reduce)	BigTable （分布式数据库）
GFS（分布式文件系统）	

图 4.5　Google 公司的 Hadoop 架构

3. 分布式文件系统 GFS

云计算系统由大量服务器组成，同时为大量用户服务，因此云计算系统采用分布式存储的方式存储数据，用冗余存储的方式保证数据的可靠性。云计算系统中广泛使用的数据存储系统是 Google 公司的 GFS 和 Hadoop 团队开发的 GFS 的开源实现 HDFS。

GFS 即 Google 文件系统(Google File System),是一个可扩展的分布式文件系统,用于大型的、分布式的、对大量数据进行访问的应用。GFS 的设计思想不同于传统的文件系统,是针对大规模数据处理和 Google 应用特性而设计的。它运行于廉价的普通硬件上,但可以提供容错功能。它可以给大量的用户提供总体性能较高的服务。

GFS 是一个管理大型分布式数据密集型计算的可扩展的分布式文件系统,它使用廉价的商用硬件搭建系统并向大量用户提供容错的高性能服务。GFS 与传统分布式文件系统的区别如表 4.1 所示。

表 4.1　GFS 与传统分布式文件系统的区别

文件系统	组件失败管理	文件大小	数据写方式	数据流和控制流
GFS	不作为异常处理	少量的大文件	在文件末尾附加数据	数据流和控制流分开
传统分布式文件系统	作为异常处理	大量的小文件	修改现存数据	数据流和控制流结合

GFS 由一个主服务器 Master 和大量块服务器构成。Master 存放文件系统的所有元数据,包括名字空间、存取控制、文件分块信息和文件块的位置信息等。GFS 中的文件切分为 64 MB 的块进行存储。

在 GFS 文件系统中,采用冗余存储的方式来保证数据的可靠性。每份数据在系统中保存 3 个以上的备份。为了保证数据的一致性,对于数据的所有修改需要在所有的备份上进行,并用版本号的方式来确保所有备份处于一致的状态。

4. 结构化的 BigTable 存储系统

云计算需要对分布的、海量的数据进行处理、分析,因此,数据管理技术必须能够高效地管理大量的数据。云计算系统中的数据管理技术主要是 Google 公司的 BT(BigTable)数据管理技术和 Hadoop 团队开发的开源数据管理模块 HBase。

BigTable 是 Google 公司设计的分布式数据存储系统,用来处理海量的数据的一种非关系数据库。BigTable 的设计目的是快速且可靠地处理 PB 级别的数据,并且能够部署到上千台机器上。与传统的关系数据库不同,它把所有数据都作为对象来处理,形成一个巨大的表格,用来分布存储大规模结构化数据。

5. 虚拟化技术

通过虚拟化技术可实现软件应用与底层硬件相隔离,它包括将单个资源划分成多个虚拟资源的裂分模式,也包括将多个资源整合成一个虚拟资源的聚合模式。虚拟化技术根据对象可分成存储虚拟化、计算虚拟化和网络虚拟化等,计算虚拟化又分为系统级虚拟化、应用级虚拟化和桌面虚拟化。

6. 云计算平台管理技术

云计算资源规模庞大,服务器数量众多并分布在不同的地点,同时运行着数百种应用,如何有效地管理这些服务器,保证整个系统提供不间断的服务是巨大的挑战。

云计算系统的平台管理技术能够使大量的服务器协同工作,方便地进行业务部署和开通,快速发现和恢复系统故障,通过自动化、智能化的手段实现大规模系统的可靠运营。

4.1.3 云计算的主要服务形式

目前,云计算的主要服务形式软件即服务(Software as a Service,IaaS)、平台即服务(Platform as a Service,PaaS)和有基础设施即服务(Infrastructure as a Service,SaaS),如图 4.6 所示。

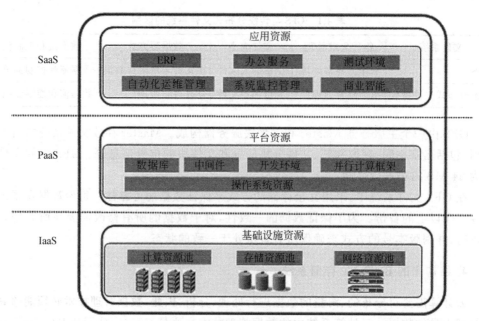

图 4.6 云计算的主要服务形式

1. 软件即服务(SaaS)

SaaS 提供商将应用软件统一部署在自己的服务器上,用户根据需求通过互联网向厂商订购应用软件服务,服务提供商根据客户所订购软件的数量、时间的长短等因素收费,并且通过浏览器向客户提供软件的模式。

这种服务模式的优势:由服务提供商维护和管理软件,提供软件运行的硬件设施,用户只需拥有能够接入互联网的终端,即可随时随地使用软件。这种模式下,客户不再像传统模式那样花费大量资金在硬件、软件和维护人员身上,只需要支出一定的租赁服务费用,通过互联网就可以享受相应的硬件、软件和维护服务,这是网络应用最具效益的营运模式。对于小型企业来说,SaaS 是采用先进技术的最好途径。

2. 平台即服务(PaaS)

把开发环境作为一种服务来提供。这是一种分布式平台服务,厂商提供开发环境、服务器平台和硬件资源等服务给客户,用户在其平台基础上定制开发自己的应用程序并通过其服务器和互联网传递给其他客户。PaaS 能够给企业或个人提供研发的中间件平台,提供应用程序开发、数据库、应用服务器、实验、托管及应用服务。

以 Google App Engine 为例,它是一个由 Python 应用服务器群、BigTable 数据库及 GFS 组成的平台,为开发者提供一体化主机服务器及可自动升级的在线应用服务。用户编写应用程序并在 Google 公司的基础架构上运行就可以为互联网用户提供服务,Google 公司提供应用运行及维护所需要的平台资源。

3. 基础设施即服务(IaaS)

IaaS 是把厂商由多台服务器组成的"云端"基础设施,作为计量服务提供给客户。它将内存、I/O 设备、存储和计算能力整合成一个虚拟的资源池为整个业界提供所需要的存储资源和虚拟化服务器等服务。这是一种托管型硬件方式,用户付费使用厂商的硬件设施。例如 Amazon Web 服务(AWS),IBM 的 BlueCloud 等均是将基础设施作为服务出租。

IaaS 的优点是用户只需低成本硬件,按需租用相应计算能力和存储能力,大大降低了用户在硬件上的开销。

4.1.4　大数据平台的作用

大数据平台的使用源于传统处理平台已不适应大数据的处理,使用大数据平台的处理方式可以大大提高处理数据的速度。

1. 传统处理平台已不适应大数据的处理

在大数据环境下,数据来源非常丰富且数据类型多样,存储和分析挖掘的数据量庞大,对数据展现的要求较高,并且很看重数据处理的高效性和可用性。

传统的数据采集来源单一,且存储、管理和分析数据量也相对较小,大多采用关系数据库和并行数据仓库即可处理。对依靠并行计算提升数据处理速度方面而言,传统的并行数据库技术追求高度一致性和容错性,根据 CAP 理论,难以保证其可用性和扩展性。

传统的数据处理方法是以处理器为中心,而大数据环境下,需要采取以数据为中心的模式,减少数据移动带来的开销。因此,传统的数据处理方法已经不能适应大数据的需求!

2. 大数据平台的处理方式

大数据的基本处理流程与传统数据处理流程并无太大差异,主要区别在于:由于大数据要处理大量非结构化的数据,所以在各处理环节中都可以采用 MapReduce 等方式进行并行处理,如图 4.7 所示。

3. 大数据技术为什么能提高数据的处理速度

大数据可以通过 MapReduce 这一并行处理技术来提高数据的处理速度。MapReduce 的设计初衷是通过大量廉价服务器实现大数据并行处理,对数据一致性要求不高,其突出优势是具有扩展性和可用性,特别适用于海量的结构化、半结构化及非结构化数据的混合处理。

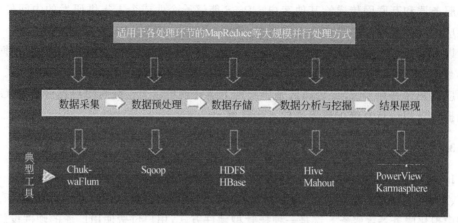

图 4.7　大数据平台的处理方式

　　MapReduce 将传统的查询、分解及数据分析进行分布式处理,将处理任务分配到不同的处理节点,因此具有更强的并行处理能力。作为一个简化的并行处理的编程模型,MapReduce 还降低了开发并行应用的门槛。MapReduce 技术进行实时分析如图 4.8 所示。

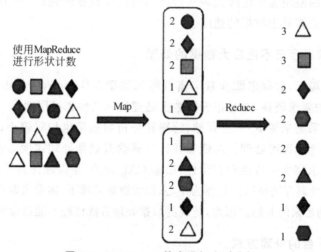

图 4.8　MapReduce 技术进行实时分析

　　MapReduce 适合进行数据分析、日志分析、商业智能分析、客户营销和大规模索引等业务,并具有非常明显的效果。通过结合 MapReduce 技术进行实时分析,某家电公司的信用计算时间从 33 小时缩短到 8 秒,而 MKI 的基因分析时间从数天缩短到 20 分钟。

4.2　大数据存储

　　互联网、物联网、移动设备和其他技术的出现导致数据性质的根本性变化。大数据具有重要而独特的特性,这种特性使得它与传统企业数据区分开。不再集中化、高度结构化并且易于管理,与以往任何时候相比,现在的数据都是高度分散的,结构松散(如果存在结构的话)并且体积越来越大。传统数据与大数据对比如表 4.2 所示。

表 4.2　传统数据与大数据对比

传 统 数 据	大 数 据
吉字节～太字节	拍字节(PB)～艾字节(EB)
集中化	分布式
结构化	半结构化和无结构化
稳定的数据模型	平面模型
已知的复杂的内部关系	不复杂的内部关系

由于必须将数据组织成关系表(整齐的行和列数据),传统数据仓库才可以处理。由于需要时间和人力成本,对海量的非结构化数据应用这种结构是不切实际的。

此外,扩展传统的数据仓库使其适应潜在的 PB 级数据需要在新的专用硬件上投入巨额资金。由于数据加载这一个瓶颈,传统数据仓库的性能也会受到影响。

从时间或成本效益上看,传统的数据仓库等数据管理工具都无法实现大数据的处理和分析工作。因此,需要存储大数据的新方法。

4.2.1　海量数据存储的需求

海量存储的含义在于,其在数据存储中的容量增长是没有止境的。因此,用户需要不断地扩张存储空间。但是,存储容量的增长往往同存储性能并不成正比。这也就造成了数据存储上的误区和障碍。

海量存储技术的概念已经不仅仅是单台存储设备,而多台存储设备的连接使得数据管理成为一大难题。因此,统一平台的数据管理产品近年来受到了广大用户的欢迎。这一类型产品能够整合不同平台的存储设备在一个单一的控制界面上,结合虚拟化软件对存储资源进行管理。这样的产品无疑简化了用户的管理。

数据容量的增长是无限的,如果只是一味地添加存储设备,那么无疑会大幅增加存储成本。因此,海量存储对于数据的精简也提出了要求。同时,不同应用对于存储容量的需求也有所不同,而应用所要求的存储空间往往并不能得到充分利用,这也造成了浪费。

针对以上问题,重复数据删除和自动精简配置两项技术在近年来受到了广泛的关注和追捧。重复数据删除通过文件块级的比对,将重复的数据块删除而只留下单一实例。这一做法使得冗余的存储空间得到释放,从客观上增加了存储容量。

4.2.2　海量数据存储技术

为了支持大规模数据的存储、传输与处理,针对海量数据存储目前主要开展如下 3 个方向的研究。

1. 虚拟存储技术

存储虚拟化的核心工作是物理存储设备到单一逻辑资源池的映射,通过虚拟化技术,为用户和应用程序提供了虚拟磁盘或虚拟卷,并且用户可以根据需求对它进行任意分割、合并和重新组合等操作,并分配给特定的主机或应用程序,为用户隐藏或屏蔽了具体的物理设备的各种物理特性。存储虚拟化可以提高存储利用率,降低成本,简化存储管理,而基于网络的虚拟存储技术已成为一种趋势,它的开放性、扩展性、管理性等方面的优势将在数据大集中、异地容灾等应用中充分体现出来。

2. 高性能输入输出(Input/Output,I/O)

集群由于其很高的性价比和良好的可扩展性,近年来在高性能计算(High Performance Computing,HPC)机群领域得到了广泛的应用。数据共享是集群系统中的一个基本需求。当一个计算任务在集群上运行时,计算节点首先从存储系统中获取数据,然后进行计算处理,最后将计算结果写入存储系统。在这个过程中,计算任务的开始和结束阶段数据读写的 I/O 负载非常大,而在计算过程中几乎没有任何负载。当今的集群系统处理能力越来越强,于是用于计算处理的时间越来越短。但传统存储技术架构对带宽和 I/O 能力的提高却非常困难且成本高昂。这造成了当原始数据量较大时,I/O 读写所占的整体时间就相当长,成为 HPC 集群系统的性能瓶颈。I/O 效率的改进,已经成为今天大多数并行集群系统提高效率的首要任务。

3. 网格存储系统

大数据的数据需求除了容量特别大之外,还要求共享。因此,网格存储系统应该能够满足海量存储、全球分布、快速访问和统一命名的需求。主要研究的内容包括网格文件名字服务、存储资源管理、高性能的广域网数据传输、数据复制和透明的网格文件访问协议等。

4.2.3　云存储

云存储是由一个网络设备、存储设备、服务器、应用软件、公用访问接口、接入网和客户端程序等组成的复杂系统。以存储设备为核心,通过应用软件来对外提供数据存储和业务访问服务。云存储架构如图 4.9 所示。

1. 存储层

存储设备数量庞大且分布在不同地域,彼此通过广域网、互联网或光纤通道网络连接在一起。在存储设备之上是一个统一存储设备管理系统,实现存储设备的逻辑虚拟化管理、多链路冗余管理,以及硬件设备的状态监控和故障维护。

2. 基础管理层

通过集群、分布式文件系统和网格计算等技术,实现云存储设备之间的协同工作,使多个存储设备可以对外提供同一种服务,并提供更大、更强、更好的数据访问性能。数据

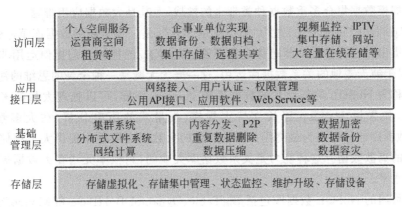

图 4.9　云存储架构

加密技术保证云存储中的数据不会被未授权的用户访问,数据备份和容灾技术可以保证云存储中的数据不会丢失,保证云存储自身的安全和稳定。

3. 应用接口层

不同的云存储运营商根据业务类型,开发不同的服务接口,提供不同的服务。例如视频监控、视频点播应用平台、网络硬盘和远程数据备份应用等。

4. 访问层

授权用户可以通过标准的公用应用接口来登录云存储系统,享受云存储服务。

4.2.4　NoSQL 非结构化数据库

1. 常规 SQL 结构化关系数据库

结构化查询语言(Structured Query Language,SQL)是一种特殊目的的编程语言,是一种数据库查询和程序设计语言,用于存取数据以及查询、更新和管理关系数据库系统;同时也是数据库脚本文件的扩展名。

结构化查询语言是高级的非过程化编程语言,允许用户在高层数据结构上工作。它不要求用户指定对数据的存放方法,也不需要用户了解具体的数据存放方式,所以具有完全不同底层结构的不同数据库系统,可以使用相同的结构化查询语言作为数据输入与管理的接口。结构化查询语言语句可以嵌套,这使它具有极大的灵活性和强大的功能。

结构化查询语言中有 5 种数据类型:字符型、文本型、数值型、逻辑型和日期型。

2. NoSQL 非结构化数据库

NoSQL 泛指非关系数据库。随着 Web 2.0 网站的兴起,传统的关系数据库在应付 Web 2.0 网站,特别是超大规模和高并发的社交网络服务(Social Networking Services,SNS)类型的 Web 2.0 纯动态网站已经显得力不从心,暴露了很多难以克服的问题,而非关系数据库则由于其本身的特点得到了非常迅速的发展。NoSQL 数据库的产生就是为了解决大规模数据集合多重数据种类带来的挑战,尤其是大数据应用难题。

NoSQL(Not Only SQL)意为"不仅仅是 SQL",是一项全新的数据库革命性运动,早期就有人提出,发展至 2009 年趋势越发高涨。NoSQL 的拥护者们提倡运用非关系数据存储,相对于铺天盖地的关系数据库运用,这一概念无疑是一种全新的思维的注入。

这种称为 NoSQL 的新形式的数据库像 Hadoop 一样,可以处理大量的多结构化数据。但是,如果说 Hadoop 擅长支持大规模、批量式的历史分析,在大多数情况下,NoSQL 数据库的目的是为最终用户和自动化的大数据应用程序提供大量存储在多结构化数据中的离散数据。这种能力是关系数据库欠缺的,它根本无法在大数据规模维持基本的性能水平。

目前可用的 NoSQL 数据库包括 BigTable、DynamoDB、HBase 和 MongoDB 等。

4.2.5 数据仓库

数据仓库(Data Warehouse,可简写为 DW 或 DWH)由比尔·恩门(Bill Inmon)于 1990 年提出,主要功能仍是将组织经年累月所累积的大量资料,通过数据仓库理论所特有的资料存储架构,进行系统分析和整理,以利各种分析方法如联机分析处理、数据挖掘的进行,并进而支持决策支持系统的创建,帮助决策者能快速有效地从大量资料中,分析出有价值的资讯,以利决策拟定及快速回应外在环境变动,帮助建构商业智能(BI)。数据仓库的体系结构如图 4.10 所示。

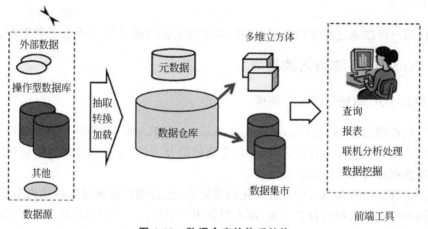

图 4.10　数据仓库的体系结构

数据仓库是在数据库已经大量存在的情况下,为了进一步挖掘数据资源和决策需要而产生的,它并不是大型数据库。数据仓库方案建设的目的,是为前端查询和分析打下基础,由于有较大的冗余,所以需要的存储也较大。

为了更好地为前端应用服务,数据仓库往往有如下特点。

1. 效率足够高

数据仓库的分析数据一般分为日、周、月、季和年等,可以看出,以日为周期的数据要求的效率最高,要求 24 小时甚至 12 小时内,客户能看到昨天的数据分析。由于有的企业每日的数据量很大,设计差的数据仓库经常会出问题,延迟 1～3 日才能给出数据,显然不行。

2. 数据质量

数据仓库所提供的各种信息,肯定要准确的数据,但由于数据仓库流程通常分为多个步骤,包括数据清洗、加载、查询和展现等,复杂的架构会有更多层次,那么由于数据源有“脏数据”或者代码不严谨,都会导致数据失真,客户看到错误的信息就可能导致分析出错误的决策,造成损失,而不是效益。

3. 扩展性

之所以有的大型数据仓库系统架构设计复杂,是因为考虑到了未来 3～5 年的扩展性,这样的话,未来不用太快花钱去重建数据仓库系统,就能很稳定运行。主要体现在数据建模的合理性,数据仓库方案中多出一些中间层,使海量数据流有足够的缓冲,不至于数据量大很多,系统就运行不起来了。

基于数据仓库的决策支持系统由 3 个部件组成:数据仓库技术、联机分析处理技术和数据挖掘技术,其中数据仓库技术是系统的核心。

4. 面向主题

操作型数据库的数据组织面向事务处理任务,各个业务系统之间各自分离,而数据仓库中的数据是按照一定的主题域进行组织的。主题是与传统数据库的面向应用相对应,是一个抽象概念,是在较高层次上将企业信息系统中的数据综合、归类并进行分析利用的抽象。每一个主题对应一个宏观的分析领域。数据仓库排除对于决策无用的数据,提供特定主题的简明视图。

4.3　大数据计算模式与处理系统

大数据计算模式是指根据大数据的不同数据特征和计算特征,从多样性的大数据计算问题和需求中提炼并建立的各种高层抽象(Abstraction)或模型(Model)。

传统的并行计算方法主要从体系结构和编程语言层面定义了一些较为底层的并行计算抽象和模型,但由于大数据处理问题具有很多高层的数据特征和计算特征,因此,大数据处理需要更多地结合这些高层特征考虑更为高层的计算模式。

4.3.1　数据计算

面向大数据处理的数据查询、统计、分析和挖掘等需求,催生了大数据计算的不同计算模式,整体上把大数据计算分为离线批处理计算、实时交互计算和流计算 3 种。

1. 离线批处理

随着云计算技术得到广泛应用,基于开源的 Hadoop 分布式存储系统和 MapReduce

数据处理模式的分析系统也得到广泛的应用。

Hadoop 是一个能够对大量数据进行分布式处理的软件框架,而且是以一种可靠、高效、可伸缩的方式进行处理,依靠横向扩展,通过不断增加廉价的商用服务器来提高计算和存储能力。用户可以轻松地在上面开发和运行处理海量数据的应用程序。

Hadoop 平台主要是面向离线批处理应用的,典型的是通过调度批量任务操作静态数据,计算过程相对缓慢,有的查询可能会花几小时甚至更长时间才能产生结果,对于实时性要求更高的应用和服务则显得力不从心。

MapReduce 是一种很好的集群并行编程模型,能够满足大部分应用的需求。虽然 MapReduce 是分布式/并行计算方面一个很好的抽象,但它并不一定适合解决计算领域的任何问题。例如,对于那些需要实时获取计算结果的应用,像基于流量的点击付费模式的广告投放,基于实时用户行为数据分析的社交推荐,基于网页检索和点击流量的反作弊统计等。对于这些实时应用,MapReduce 并不能提供高效处理,因为处理这些应用逻辑需要执行多轮作业,或者需要将输入数据的粒度切分到很小。

2. 实时交互计算

当今的实时计算一般都需要针对海量数据进行,除了要满足非实时计算的一些需求(如计算结果准确)以外,实时计算最重要的一个需求是能够实时响应计算结果,一般要求为秒级。实时计算一般可以分为以下两种应用场景。

(1) 数据量巨大且不能提前计算出结果,但要求对用户的响应时间是实时的。

主要用于特定场合下的数据分析处理。当数据量庞大,同时发现无法穷举所有可能条件的查询组合,或者大量穷举出来的条件组合无用时,实时计算就可以发挥作用,将计算过程推迟到查询阶段进行,但需要为用户提供实时响应。这种情形下,也可以将一部分数据提前进行处理,再结合实时计算结果,以提高处理效率。

(2) 数据源是实时的、不间断的,要求对用户的响应时间也是实时的。

数据源是实时的、不间断的,也称为流式数据。进一步地说,流式数据是指将数据看作是数据流的形式来处理。数据流是在时间分布和数量上无限的一系列数据记录的集合体;数据记录是数据流的最小组成单元,例如,在物联网领域传感器产生的数据可能是源源不断的。实时的数据计算和分析可以动态实时地对数据进行分析统计,对于系统的状态监控、调度管理具有重要的实际意义。

海量数据的实时计算过程可以被划分为以下 3 个阶段:数据实时采集阶段、数据实时计算阶段和实时查询服务阶段,如图 4.11 所示。

图 4.11　实时计算过程

3. 流计算

在很多实时应用场景中,例如实时交易系统、实时诈骗分析、实时广告推送、实时监控和社交网络实时分析等,存在数据量大,实时性要求高,而且数据源是实时的、不间断的。新到的数据必须马上处理完,不然后续的数据就会堆积起来,永远也处理不完。反应时间经常要求在秒级以下,甚至是毫秒级,这就需要一个高度可扩展的流式计算解决方案。

流计算就是针对实时连续的数据类型而准备的。在流数据不断变化的运动过程中实时地进行分析,捕捉到可能对用户有用的信息,并把结果发送出去。整个过程中,数据分析处理系统是主动的,而用户却处于被动接收的状态。流计算过程如图 4.12 所示。

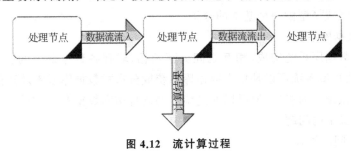

图 4.12　流计算过程

4.3.2　聚类算法

聚类分析是一种重要的人类行为,早在孩提时代,一个人就通过不断改进下意识中的聚类模式来学会如何区分猫与狗、动物与植物等。聚类分析目前在许多领域都得到了广泛的研究和成功的应用,如用于模式识别、数据分析、图像处理、市场研究和 Web 文档分类等。

聚类就是按照某个特定标准(如距离准则)把一个数据集分成不同的类或簇,使得同一个簇内的数据对象的相似性尽可能大,同时不在同一个簇中的数据对象的差异性也尽可能地大。也就是说,聚类后同一类的数据尽可能聚集到一起,不同类的数据尽量分离。

聚类技术正在蓬勃发展,对此有贡献的研究领域包括数据挖掘、统计学、机器学习、空间数据库技术、生物学以及市场营销等。各种聚类方法也被不断提出和改进,而不同的方法适合于不同类型的数据,因此对各种聚类方法、聚类效果的比较成为值得研究的课题。

聚类算法有很多,现在已知的算法主要有以下 4 种类型:划分聚类、层次聚类、基于密度的聚类和基于表格的聚类。

4.3.3　数据集成

近几十年来,科学技术的迅猛发展和信息化的推进,使得人类社会所积累的数据量已经超过了过去 5000 年的总和,数据的采集、存储、处理和传播的数量也与日俱增。企业实现数据共享,可以使更多的人更充分地使用已有数据资源,减少资料收集、数据采集等重复劳动和相应费用。

但是,在实施数据共享的过程中,由于不同用户提供的数据可能来自不同的途径,其数据内容、数据格式和数据质量千差万别,有时甚至会遇到数据格式不能转换或数据转换格式后丢失信息等棘手问题,严重阻碍了数据在各部门和各软件系统中的流动与共享。因此,如何对数据进行有效的集成管理已成为必然选择。

1. 数据集成模型分类

数据集成是把不同来源、格式、特点性质的数据在逻辑上或物理上有机地集中,从而为企业提供全面的数据共享。在企业数据集成领域,已经有了很多成熟的框架可以利用。目前通常采用联邦数据库系统、基于中间件模式和数据仓库模式等方法来构造集成的系统,这些技术在不同的着重点和应用上解决数据共享和为企业提供决策支持。在这里将对这几种数据集成模型做一个基本的分析。

1) 联邦数据库系统

由半自治数据库系统构成,相互之间分享数据,联邦各数据源之间相互提供访问接口,同时联邦数据库系统可以是集中数据库系统或分布式数据库系统及其他类型数据库,松耦合而不提供统一的接口,但可以通过统一的语言访问数据源,其中核心的是必须解决所有数据源语义上的问题。

2) 基于中间件模式

中间件模式是目前比较流行的数据集成方法,它通过在中间层提供一个统一的数据逻辑视图来隐藏底层的数据细节,使得用户可以把集成数据源看成一个统一的整体。这种模型下的关键问题是如何构造这个逻辑视图并使得不同数据源之间能映射到这个中间层。

通过统一的全局数据模型来访问异构的数据库、遗留系统和 Web 资源等。中间件是位于异构数据源系统(数据层)和应用程序(应用层)之间,向下协调各数据源系统,向上为访问集成数据的应用提供统一数据模式和数据访问的通用接口。各数据源的应用仍然完成它们的任务,中间件系统则主要集中为异构数据源提供一个高层次检索服务。

3) 数据仓库模式

在另一个层面上表达数据之间的共享,它主要是为了针对企业某个应用领域提出的一种数据集成方法,也就是在上面所提到的面向主题并为企业提供数据挖掘和决策支持的系统。是在企业管理和决策中面向主题的、集成的、与时间相关的和不可修改的数据集合。其中,数据被归类为广义的、功能上独立的、没有重叠的主题。

2. 数据集成方案

数据集成主要是指基于分散的信息系统的业务数据进行再集中、再统一管理的过程,是一个渐进的过程,只要有新的、不同的数据产生,就不断有数据集成的步骤执行。从数据集成应用的系统部署、业务范围、实施成熟性看主要可分 3 种架构:单个系统数据集成架构、企业统一数据集成架构和机构之间数据集成架构。

1) 单个系统数据集成架构

国内目前主要是以数据仓库系统为代表提供服务而兴建的数据集成平台,面向企业内部如 ERP、财务、OA 等多个业务系统,集成企业所有基础明细数据,转换成统一标准,按星状结构存储,面向市场经营分析、客户行为分析等多个特有主题进行商务智能体现。这种单个系统数据集成应用架构的主要特点是多对一的架构、复杂的转换条件、TB 级的数据量处理与加载,数据存储结构特殊,星状结构、多维立方体并存,数据加载层级清晰。单个系统数据集成架构如图 4.13 所示。

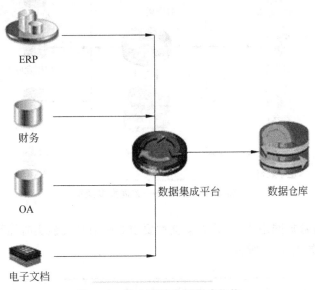

图 4.13　单个系统数据集成架构

2）企业统一数据集成架构

组织结构较复杂的大型企业、政府机构尤为偏爱这种数据集成架构,因为这些单位具有业务结构相对独立、数据权力尤为敏感、数据接口复杂繁多等特征,更需要多个部门一起协商来建立一个统一的数据中心平台,来解决部门之间频繁的数据交换的需求。例如金融机构、电信企业,公安和税务等政府机构,业务独立、层级管理的组织结构决定了内部数据交互的复杂性。概括来说,此类应用具有多对多的架构、数据交换频繁、要有独立的数据交换存储池、数据接口与数据类型繁多等特点。

对于企业管理性、决策性较强的信息系统,如主数据管理系统、财务会计管理系统、数据仓库系统等数据可直接来源于数据中心,摆脱了没有企业数据中心前的一对多交叉的困扰,避免了业务系统对应多种管理系统时需要数据重复传送,如 CRM 系统中新增一条客户信息数据后,直接发送到企业数据中心,由企业数据中心面向风险管理系统、数据仓库系统和主数据管理系统进行分发即可。企业统一数据集成架构如图 4.14 所示。

3）机构之间数据集成架构

这种架构多应用于跨企业、跨机构、多个单位围绕某项或几项业务进行的业务活动,或由一个第三方机构来进行协调这些企业、机构之间的数据交换,制定统一数据标准,从而形成一个多机构之间的数据集成平台。例如中国银联与各商业银行之间的应用案例、各市政府信息中心与市政府各机关单位之间的应用案例、外贸 EDI(海关、检验检疫局、外汇局、银行、保险和运输等)和 BTOB 电子商务平台等。这类应用属于跨多企业、单位多

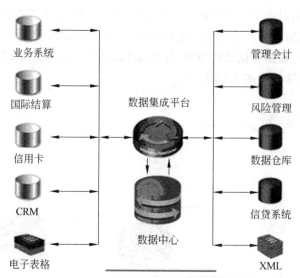

图 4.14　企业统一数据集成架构

对多的架构,具有数据网络复杂、数据安全性要求高和数据交换实时性强等特点。机构之间数据集成架构如图 4.15 所示。

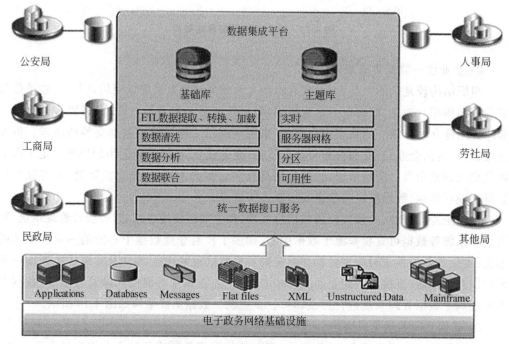

图 4.15　机构之间数据集成架构

以上 3 种数据集成架构,第一种是对应于某一个应用系统的多对一架构,第二种是完成企业内部众多系统之间数据交换的多对多架构,第三种是为多个跨企业、单位机构实现某一项或几项业务活动而建立的多对多架构,数据集成的应用差不多都是基于这 3 种架构,每种架构可能会对应于多种数据集成的应用。国内企业常见的数据集成应用有数据仓库、数据同步和数据交换,随着企业并购、新旧系统升级、分布系统向数据大集中看齐、电子商务的发展、多个企业单位协同作业等众多业务需求的诞生,数据集成的应用开始多起来。

4.3.4　机器学习

机器学习这个词是让人疑惑的,首先它是英文名称 Machine Learning(简称 ML)的直译,在计算机界,Machine 一般指计算机。这个名字使用了拟人的手法,说明了这门技术是让机器"学习"的技术。但是计算机是一台机器,怎么可能像人类一样"学习"呢?

传统上如果想让计算机工作,人们给它一串指令,然后它遵照这串指令一步步执行下去。有因有果,非常明确。但这样的方式在机器学习中行不通。机器学习根本不接受你输入的指令,相反,它接受你输入的数据! 也就是说,机器学习是一种让计算机利用数据而不是指令来进行各种工作的方法。这听起来非常不可思议,但结果却是非常可行的。"统计"思想将在你学习"机器学习"相关理念时无时无刻不伴随,相关而不是因果的概念将是支撑机器学习能够工作的核心概念。会颠覆对你以前所有程序中建立的因果无处不在的根本理念。

1. 机器学习的定义和例子

从广义上来说,机器学习是一种能够赋予机器学习的能力,并以此让它完成直接编程无法完成的功能的方法。但从实践的意义上来说,机器学习是一种通过利用数据,训练出模型,然后使用模型预测的一种方法。下面具体看一个例子,房价的例子如图 4.16 所示。

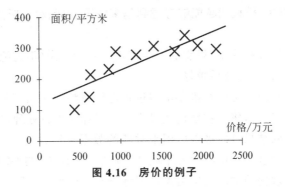

图 4.16　房价的例子

拿房子来说,现在有一栋房子需要售卖,应该给它标上什么价格? 房子的面积是 100 平方米,价格是 100 万元,120 万元,还是 140 万元?

很显然,我们希望获得房价与面积的某种规律。那么该如何获得这个规律? 用报纸上的房价平均数据吗? 还是参考别人面积相似的房子? 无论采取哪种方法,似乎都不太靠谱。

现在我们希望获得一个合理的,并且能够最大程度地反映面积与房价关系的规律。于是就调查了周边与房型相类似的一些房子,获得一组数据。这组数据中包含了多套房子的面积与价格,如果能从这组数据中找出面积与价格的规律,那么就可以得出房子的价格。

对规律的寻找很简单,拟合出一条直线,让它"穿过"所有的点,并且与各个点的距离尽可能的小。这里使用了一种数学方法,即直线拟合法(最小二乘法)。

下面详细解释一下,在各种物理问题和统计问题中,对有关量进行多次观测或实验就得到了一组数据(见图 4.16 中的各数据点),它们是零散的,不仅不便于处理,而且通常不能确切和充分地体现出其固有的规律。为了得到数据之间的固有规律或者用当前数据来预测期望得到的数据,就可以用连续直线近似地比拟平面上离散点所表示的坐标之间的函数关系,一般公式表达为 $Y = kX + a$。

通过这条直线,获得了一个能够最佳反映房价与面积的规律。这条直线同时也是一个下式所表明的函数:

$$房价 = k \times 面积 + a$$

上式中的 k、a 都是直线的参数。a 是直线的截距,表示最初发展水平的趋势值;k 是直线的斜率,表示平均增长量。获得这些参数以后,就可以计算出房子的价格。

假设 $k = 0.75$ 万元/平方米,$a = 50$ 万元,则房价 $= 100$ 平方米 $\times 0.75$ 万元/平方米 $+ 50$ 万元 $= 125$ 万元。这个结果与前面所列的 100 万元,120 万元,140 万元都不一样。由于这条直线综合考虑了大部分的情况,因此从"统计"意义上来说,这是一个最合理的预测。

在求解过程中透露出了两条信息。

(1) 房价模型是根据拟合的函数类型决定的。

如果是直线,那么拟合出的就是直线方程;如果是其他类型的线,例如抛物线,那么拟合出的就是抛物线方程。机器学习有众多算法,一些强力算法可以拟合出复杂的非线性模型,用来反映一些不是直线所能表达的情况。

(2) 如果数据越多,模型就越能够考虑到越多情况,由此对于新情况的预测效果可能就越好。

这是机器学习界"数据为王"思想的一个体现。一般来说(不是绝对),数据越多,最后机器学习生成的模型预测的效果越好。

通过拟合直线的过程,可以对机器学习过程进行完整的回顾。首先,人们需要在计算机中存储历史数据。其次,将这些数据通过机器学习算法进行处理,这个过程在机器学习中叫作"训练",处理的结果可以被人们用来对新的数据进行预测,这个结果一般称为"模型"。对新数据的预测过程在机器学习中叫作"预测"。"训练"与"预测"是机器学习的两个过程,"模型"则是过程的中间输出结果,"训练"产生"模型","模型"指导"预测"。

机器学习与人类思考的类比如图 4.17 所示。

人类在成长、生活过程中积累了很多历史经验。人类定期地对这些经验进行"归纳",获得了生活的"规律"。当人类遇到未知的问题或者需要对未来进行"预测"时,人类使用这些"规律",对未知问题与未来进行"推测",从而指导自己的生活和工作。

机器学习中的"训练"与预测过程可以对应到人类的"归纳"和"推测"过程。通过这样的对应可以发现,机器学习的思想并不复杂,仅仅是对人类在生活中学习成长的一个模拟。由于机器学习不是基于编程形成的结果,因此它的处理过程不是因果的逻辑,而是通过归纳思想得出的相关性结论。

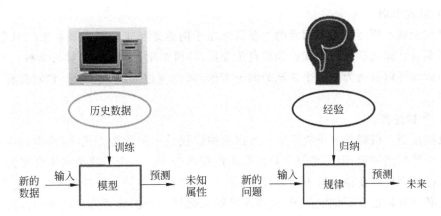

图 4.17　机器学习与人类思考的类比

这也可以联想到人类为什么要学习历史,历史实际上是人类过往经验的总结。有句话说得很好,"历史往往不一样,但历史总是惊人的相似"。通过学习历史,从历史中归纳出人生与国家的规律,从而指导人们的下一步工作,这是具有莫大价值的。

2. 机器学习的范围

上面虽然说明了机器学习是什么,但是并没有给出机器学习的范围。其实,机器学习跟模式识别、统计学习、数据挖掘、计算机视觉、语音识别和自然语言处理等领域有着很深的联系。

从范围上来说,机器学习跟模式识别、统计学习和数据挖掘是类似的,同时,机器学习与其他领域的处理技术的结合,形成了计算机视觉、语音识别和自然语言处理等交叉学科。同时,人们平常所说的机器学习的应用,应该是通用的,不仅仅局限在结构化数据,还有图像和音频等应用。

本节对机器学习这些相关领域的介绍有助于厘清机器学习的应用场景与研究范围,更好地理解后面的算法与应用层次。机器学习与相关学科如图 4.18 所示。

图 4.18　机器学习与相关学科

1）模式识别

模式识别=机器学习。两者的主要区别在于前者是从工业界发展起来的概念,后者则主要源自计算机学科。模式识别源自工业界,而机器学习来自于计算机学科。不过,它们中的活动可以被视为同一个领域的两个方面,同时在过去的 10 年间,它们都有了长足的发展。

2）数据挖掘

数据挖掘=机器学习+数据库。数据挖掘仅仅是一种思考方式,告诉人们应该尝试从数据中挖掘出知识,但不是每个数据都能挖掘出金子。一个系统绝对不会因为上了一个数据挖掘模块就变得无所不能,恰恰相反,一个拥有数据挖掘思维的人员才是关键,而且他还必须对数据有深刻的认识,这样才可能从数据中导出模式指引业务的改善。大部分数据挖掘中的算法是机器学习的算法在数据库中的优化。

3）统计学习

统计学习近似等于机器学习。统计学习是个与机器学习高度重叠的学科。因为机器学习中的大多数方法来自统计学,甚至可以认为,统计学的发展促进了机器学习的繁荣昌盛。但是在某种程度上两者是有区别的,这个区别在于:统计学习者重点关注的是统计模型的发展与优化,偏数学;机器学习者更关注的是能够解决问题,偏实践。因此,机器学习研究者会重点研究学习算法在计算机上执行的效率与准确性的提升。

4）计算机视觉

计算机视觉=图像处理+机器学习。图像处理技术用于将图像处理为适合进入机器学习模型中的输入,机器学习则负责从图像中识别出相关的模式。计算机视觉相关的应用非常多,例如百度识图、手写字符识别和车牌识别等应用。这个领域的应用前景非常广泛,同时也是研究的热门方向。随着机器学习的新领域深度学习的发展,大大促进了计算机图像识别的效果。因此,未来计算机视觉界的发展前景不可估量。

5）语音识别

语音识别=语音处理+机器学习。语音识别就是音频处理技术与机器学习的结合。语音识别技术一般不会单独使用,一般会结合自然语言处理的相关技术。目前的相关应用有苹果公司的语音助手等。

6）自然语言处理

自然语言处理=文本处理+机器学习。自然语言处理技术主要是让机器理解人类语言的一门领域。在自然语言处理技术中,大量使用了编译原理相关的技术,例如词法分析和语法分析等,除此之外,在理解这个层面,则使用了语义理解和机器学习等技术。

作为唯一由人类自身创造的符号,自然语言处理一直是机器学习界不断研究的方向。如何利用机器学习技术进行自然语言的深度理解,一直是工业和学术界关注的焦点。

可以看出机器学习在众多领域的外延和应用。机器学习技术的发展促使了很多智能领域的进步,改善着人们的生活。

3. 机器学习的应用——大数据

说完机器学习的方法,下面谈一谈机器学习的应用。无疑,在 2010 年以前,机器学习的应用在某些特定领域发挥了巨大的作用,如车牌识别、网络攻击防范和手写字符识别等。但是,从 2010 年以后,随着大数据概念的兴起,机器学习大量的应用都与大数据高度耦合,几乎可以认为大数据是机器学习应用的最佳场景。

例如,但凡你能找到的介绍大数据魔力的文章,都会说大数据如何准确预测到了某些事。例如经典的 Google 公司利用大数据预测了 H1N1 在美国某小镇的爆发,如图 4.19 所示。

图 4.19　Google 公司利用大数据成功预测 H1N1

百度成功预测了 2014 年世界杯所有比赛结果,如图 4.20 所示。

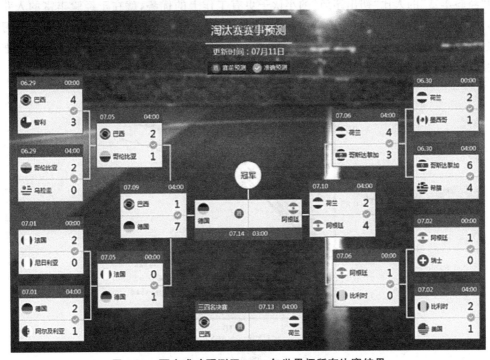

图 4.20　百度成功预测了 2014 年世界杯所有比赛结果

这些实在太神奇了,那么究竟是什么原因导致大数据具有这些魔力的呢?简单来说,就是机器学习技术。正是基于机器学习技术的应用,数据才能发挥其魔力。

大数据的核心是利用数据的价值,机器学习是利用数据价值的关键技术,对于大数据而言,机器学习是不可或缺的。相反,对于机器学习而言,越多的数据越可能提升模型的精确性,同时,复杂的机器学习算法的计算时间也迫切需要分布式计算与内存计算这样的关键技术。因此,机器学习的兴盛也离不开大数据的帮助。大数据与机器学习两者是互相促进、相依相存的关系。

机器学习与大数据紧密联系。但是,必须清醒地认识到,大数据并不等同于机器学习,同理,机器学习也不等同于大数据。大数据中包含分布式计算、内存数据库和多维分析等多种技术。单从分析方法来看,大数据也包含以下 4 种分析方法。

(1) 大数据,小分析:即数据仓库领域的 OLAP 分析思路,也就是多维分析思想。

(2) 大数据,大分析:这个代表就是数据挖掘与机器学习分析法。

(3) 流式分析:这个主要指的是事件驱动架构。

(4) 查询分析:经典代表是 NoSQL 数据库。

也就是说,机器学习仅仅是大数据分析中的一种而已。尽管机器学习的一些结果具有很大的魔力,在某种场合下是大数据价值最好的说明。但这并不代表机器学习是大数据下的唯一分析方法。

机器学习与大数据的结合产生了巨大的价值。基于机器学习技术的发展,数据能够"预测"。对人类而言,积累的经验越丰富,阅历越广泛,对未来的判断越准确。例如常说的"经验丰富"的人比"初出茅庐"的小伙子更有工作上的优势,就在于经验丰富的人获得的规律比他人更准确。在机器学习领域,根据著名的一个实验,有效地证实了机器学习界的一个理论:机器学习模型的数据越多,机器学习的预测的效率就越好。机器学习准确度与数据的关系如图 4.21 所示。

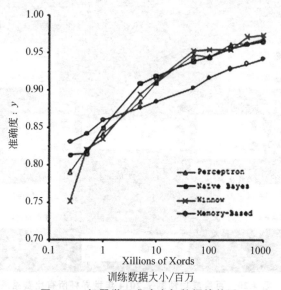

图 4.21　机器学习准确度与数据的关系

通过这张图可以看出,各种不同算法在输入的数据量达到一定级数后,都有相近的高准确度。于是诞生了机器学习界的名言:成功的机器学习应用不是拥有最好的算法,而是拥有最多的数据!

在大数据时代,有很多优势促使机器学习能够应用更广泛。例如,随着物联网和移动设备的发展,人们拥有的数据越来越多,种类也包括图片、文本和视频等非结构化数据,这使得机器学习模型可以获得越来越多的数据。同时大数据技术中的分布式计算 MapReduce 使得机器学习的速度越来越快,可以更方便地使用。种种优势使得在大数据时代,机器学习的优势可以得到最佳发挥。

4. 机器学习的子类——深度学习

深度学习(Deep Learning,DL)是机器学习领域中一个新的研究方向,它被引入机器学习使其更接近于最初的目标——人工智能(Artificial Intelligence,AI)。

深度学习是学习样本数据的内在规律和表示层次,这些学习过程中获得的信息对诸如文字、图像和声音等数据的解释有很大帮助。它的最终目标是让机器能够像人一样具有分析学习能力,能够识别文字、图像和声音等数据。深度学习是一个复杂的机器学习算法,在语音和图像识别方面取得的效果,远远超过先前相关技术。

深度学习在搜索技术、数据挖掘、机器学习、机器翻译、自然语言处理、多媒体学习、语音、推荐和个性化技术,以及其他相关领域都取得了很多成果。深度学习使机器模仿视听和思考等人类的活动,解决了很多复杂的模式识别难题,使得人工智能相关技术取得了很大进步。

由于深度学习的重要性质,在各方面都取得极大的关注,按照时间轴排序,有以下两个标志性事件值得一说,如图 4.22 所示。

图 4.22　深度学习的发展热潮

2012 年 11 月,微软公司在天津的一次活动上公开演示了一个全自动的同声传译系统,讲演者用英文演讲,后台的计算机一气呵成自动完成语音识别、英中机器翻译,以及中文语音合成,效果非常流畅,其中支撑的关键技术是深度学习。

2013 年 1 月,在百度公司的年会上,创始人兼 CEO 李彦宏高调宣布要成立百度研究院,其中第一个重点方向就是深度学习,并为此而成立深度学习研究院。

目前业界许多的图像识别技术与语音识别技术的进步都源于深度学习的发展,除了本文开头所提的语音助手,还包括一些图像识别应用,其中典型的代表就是图 4.23 所示的百度识图功能。

深度学习属于机器学习的子类。基于深度学习的发展极大地提高了机器学习的地位,更进一步地,推动了业界对机器学习的父类人工智能梦想的再次重视。

4.3.5　人工智能

深度学习则是机器学习的子类,人工智能是机器学习的父类。深度学习、机器学习与人工智能三者的关系如图 4.24 所示。

图 4.23　百度识图

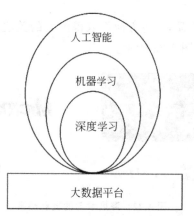

图 4.24　深度学习、机器学习与人工智能三者的关系

1. 人工智能简介

人工智能是研究、开发用于模拟、延伸和扩展人的智能的理论、方法、技术及应用系统的一门新的技术科学。

人工智能是计算机科学的一个分支,它企图了解智能的实质,并生产出一种新的能与人类智能相似的方式做出反应的智能机器,该领域的研究包括机器人、语言识别、图像识别、自然语言处理和专家系统等。人工智能从诞生以来,理论和技术日益成熟,应用领域也不断扩大,可以设想,未来人工智能带来的科技产品,将会是人类智慧的"容器"。人工智能可以对人的意识、思维的信息过程进行模拟。人工智能不是人的智能,但能像人那样思考,也可能超过人的智能。

人工智能是一门极富挑战性的科学,从事这项工作的人必须懂得计算机知识、心理学和哲学。人工智能是包括十分广泛的科学,它由不同的领域组成,如机器学习和计算机视觉等,总的来说,人工智能研究的一个主要目标是使机器能够胜任一些通常需要人类智能才能完成的复杂工作。

2. 人工智能与大数据的区别与联系

人工智能与大数据一个主要的区别：大数据需要在数据变得有用之前进行清理、结构化和集成的原始输入，而人工智能则是输出，即处理数据产生的智能。这使得两者有着本质上的不同。

人工智能是一种计算形式，它允许机器执行认知功能，例如对输入起作用或做出反应，类似于人类的做法。传统的计算应用程序也会对数据做出反应，但反应和响应都必须采用人工编码。如果出现任何类型的差错，就像意外的结果一样，应用程序无法做出反应。而人工智能系统不断改变它们的行为，以适应调查结果的变化并修改它们的反应。

支持人工智能的机器旨在分析和解释数据，然后根据这些解释解决问题。通过机器学习，计算机会学习如何对某个结果采取行动或做出反应，并在未来知道采取相同的行动。

大数据是一种传统计算。它不会根据结果采取行动，而只是寻找结果。它定义了非常大的数据集，但也可以是极其多样的数据。在大数据集中，可以存在结构化数据，如关系数据库中的事务数据，以及结构化或非结构化数据，例如图像、电子邮件数据和传感器数据等。它们在使用上也有差异。

大数据主要是为了获得洞察力，例如网站可以根据人们观看的内容了解电影或电视节目，并向观众推荐那些内容。因为它考虑了客户的习惯以及他们喜欢的内容，推断出客户可能会有同样的感觉。

无论是自我调整软件、自动驾驶汽车还是检查医学样本，人工智能都会在人类之前完成相同的任务，但速度更快，错误更少。

虽然它们有很大的区别，但人工智能和大数据仍然能够很好地协同工作。这是因为人工智能需要数据来建立其智能，特别是机器学习。例如，图像识别应用程序可以查看数以万计的飞机图像，以了解飞机的构成，以便将来能够识别出它们。

4.3.6　数据处理语言

1. 数据分析语言 R

1）R 语言的源起

原先贝尔实验室开发的一种用来进行数据探索、统计分析和作图的解释型语言——S 语言，被用作一个统计分析平台。后来新西兰奥克兰大学的教师及其他志愿人员于1995 年在 S 语言中创造了开源语言——R 语言，目的是专注于提供更好和更人性化的方式进行数据分析、统计和图形模型的语言。

起初 R 语言主要是在学术和研究中使用，但近年来企业界发现 R 语言也很不错。这使得 R 语言成为企业中使用的全球发展最快的统计语言之一。R 语言主要用于统计分析和绘图。它是一个自由、免费、源代码开放的软件，同时是一个用于统计计算和统计制图的优秀工具。

2）做数据分析必须学 R 语言的理由

R 语言是一种灵活的编程语言，专为促进探索性数据分析、经典统计学测试和高级图形学而设计。R语言拥有丰富的、仍在不断扩大的数据包,处于统计学、数据分析和数据挖掘发展的前沿。R语言已证明是不断成长的大数据领域的一个有用工具,并且已集成到多个商用软件包中。

2. 大数据开发语言 Python

Python是一种面向对象的解释型计算机程序设计语言,由荷兰人 Guido van Rossum 于1989年发明。Python在设计上坚持了清晰整洁的风格,这使得 Python 成为一门易读、易维护,并且被大量用户所欢迎的、用途广泛的语言。Python 具有丰富和强大的库。它常被昵称为"胶水语言",能够把用其他语言制作的各种模块(尤其是 C/C++)很轻松地连接在一起。

Python 提供了非常完善的基础代码库,覆盖了网络、文件、GUI、数据库和文本等大量内容,被形象地称作"内置电池(Batteries included)"。用 Python 开发应用程序,许多功能不必从零编写,直接使用现成的即可。除了内置的库外,Python 还有大量的第三方库,也就是别人开发的,供人们直接使用的东西。当然,如果你开发的代码通过很好的封装,也可以作为第三方库供别人使用。

许多大型网站就是用 Python 开发的,例如 YouTube、Instagram,还有国内的豆瓣。很多大公司,包括 Google 等,甚至美国航空航天局都大量地使用 Python。

Python 也是数据科学家最喜欢的语言之一。与 R 语言不同,Python 本身就是一门工程性语言,数据科学家用 Python 实现的算法,可以直接用在产品中,这对于大数据初创公司节省成本是非常有帮助的。只要会 Python,就可以实现一个完整的大数据处理平台。Python 应用领域如表4.3所示。

表 4.3　Python 应用领域

领　　域	流　行　语　言
云基础设施	Python、Java、Go
DevOps	Python、Shell、Ruby、Go
网络爬虫	Python、PHP、C++
数据处理	Python、R、Scala

正是因为应用开发工程师、运维工程师和数据科学家都喜欢 Python,才使得 Python 成为大数据系统的全栈式开发语言。

3. R 语言与 Python 的区别和联系

1) 区别

Python 与 R 语言的区别是显而易见的,因为 R 语言是针对统计分析的,Python 是程序员进行开发的语言。2012年 R 语言是学术界的主流,但是现在 Python 正在慢慢取代 R 语言在学术界的地位。

Python 与 R 语言相比速度要快。Python 可以直接处理数吉字节的数据;R 语言不行,R 语言分析数据时需要先通过数据库把大数据转化为小数据才能交给 R 语言进行分析,才能分析出计算结果。Python 的一个最明显优势在于其"胶水语言"的特性,一些底层用 C 语言写的算法封装在 Python 包里后性能非常高效。

　　R 语言的优势在于有包罗万象的统计函数可以调用,特别是在时间序列分析方面,无论是经典还是前沿的方法都有相应的包直接使用。相比之下,Python 之前在这方面比较贫乏。

　　不过近年来,由于 Python 也有不断改良的库(主要是 pandas),使其成为数据处理任务的一大替代方案。

　　2) 联系

　　通过 R 语言和 Python 可共享文件,Python 把源数据处理干净,生成格式化的文件放在预定的目录下,做个定时器让 R 语言去读文件,最终输出统计结果和图表。

　　让 Python 直接调用 R 语言的函数,R 语言是开源项目,有 rpy2 之类的模块,可以实现使用 Python 读取 R 语言的对象、调用 R 语言的方法以及 Python 与 R 语言数据结构转换等。

4.4　大数据应用案例:北京人在哪儿上班和睡觉

　　如何读懂一座城市?人们把生活构建在大大小小的城市中,城市不仅为人们提供工作机会,更寄托着休闲、娱乐和教育等诸多期待。在这个复杂的网络、动态的系统中,每个人只能看到自己周围的生活,而几乎无法了解整个城市的场景。尤其是,如果你生活在一个特大城市,例如常住人口超过 2300 万的北京,可能穷尽一生都无法彻底读懂这座城市。

　　如今,有了"大数据"这样的信息时代新利器,每日都能直观俯视城市日新月异的变化,不必只从平面地图和县志中来间接理解城市。

　　毕竟,房子和土地只是表象,人的聚集才是城市的本质。就像使用卫星地图监控城市的土地开发那样,人们现在利用大数据,在不同层次监测人口聚集,更好地回答"人在哪儿"的基本问题。

1. 传统的宏观统计

　　我们采用街道尺度的第六次人口普查数据,分析了北京市域街道层面的人口总量和人口密度分布(乡镇街道立体图中,高度和颜色分别表示人口的数量和密度)。北京市域人口总量和人口密度分布如图 4.25 所示。

　　从人口总量看,昌平区的回龙观、东小口镇(天通苑)、北七家镇(天通苑以北),海淀区的学院路、北太平庄街道,以及大兴区的黄村地区,都聚集了大量人口;而从人口密度看,高密度区主要集中在海淀区和西城区。因聚集了大量的优质教育资源,海淀区在总量和密度上均呈现较高的值,所谓"宇宙中心",果然不虚。

　　下面用大数据回答"人在哪儿"。

　　上述数据可以让我们了解城市的脉络,但从中终究无法看到时间如何在城市中流逝、人们在城市中如何运动。由此,在这里尝试用大数据去回答城市中"人在哪儿",把时间维

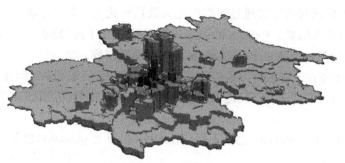

图 4.25　北京市域人口总量和人口密度分布

度放进城市空间分析,重新理解城市中人的活动。

2. 北京:在哪儿上班,在哪儿睡觉

我们采用百度(百度热力图)和腾讯(宜出行平台)实时网格人口数据,选择工作日上午 10 点和夜间 23 点,分别代表上班工作和下班居家的活动状态,由此得出城市的职住中心。上午 10 点人口分布(即就业分布)如图 4.26 所示,从图中可清晰可见人口集聚区及稀疏区。

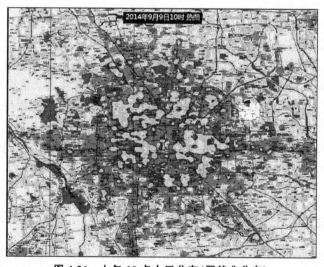

图 4.26　上午 10 点人口分布(即就业分布)

由图可知,就业中心主要集中在中关村、知春路、朝阳门—建国门—国贸一带、王府井—东单、金融街、西单、西直门、上地、望京、东直门、亮马桥、朝阳路十里堡段、惠新西街南北口、五道口和六道口等(北京南站因处于交通枢纽而聚集较多人群)。

图 4.27 为夜间 23 点的人口分布(即居住分布)。可以发现,居住中心主要集中在中关村、回龙观、西小口、六道口、五道口、牡丹园、清河、知春路、大钟寺、学院南路、劲松—潘家园、宋家庄—石榴庄、京沪高速与南六环相交处、十里堡、望京、北苑、立水桥、天通苑、芍药居和小营等地。

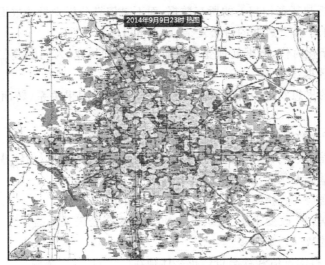

图 4.27 夜间 23 点的人口分布（即居住分布）

通过对比，可以发现城市白天和黑夜的不同形态。第一种空间，白天熙熙攘攘的金融街、国贸、西单和王府井等商业就业中心，到了晚上一片寂静；第二种空间，集商业、就业、居住于一体的中关村、五道口、六道口和知春路等地，无论白天还是黑夜均聚集大量人气；第三种空间，回龙观、天通苑、北苑和宋家庄等主要以居住为主的地区，体现了睡城的基本特征。由此，大数据可以帮助我们了解城市居民如何使用城市空间，进行实时动态监测。

3. 总结

基于上述用大数据进行的"人在哪儿"的分析，城市从二维的地图和文字中活了起来。

我们可以观察城市在全天 24 小时的不同面貌，在不同时间段以及时间点人流量的差异。

如果说传统统计数据的特征是平面、静态和粗放的，那么大数据则让城市的数据维度走向立体、动态和精确。如果说传统的统计数据主要服务于执政者从上至下的行政管理，那么大数据则服务于自下而上的问题解决。

大城市中人地矛盾的问题的确已十分突出，政府政策制定时往往首先想到疏解人口。但事实上，依靠数据提升精细化的规划和管理水平后，我们的城市也可以和东京等城市一样，更好地满足不同人群的基础设施和公共服务需求，最大化发挥有限设施的服务水平，提高其使用效率。可以说，大数据让城市和生活更加融合，让空间和市民更加贴近，最终能让人们的城市生活更加美好。

习题与思考题

一、选择题

1. 大数据与 3 个重大的思维转变有关，这 3 个转变是（   ）。（多选题）

A. 要分析与某事物相关的所有数据,而不是依靠分析少量的数据样本

B. 人们乐于接受数据的纷繁复杂,而不再追求精确性

C. 在数字化时代,数据处理变得更加容易,更加快速,人们能够在瞬间处理成千上万的数据

D. 人们的思想发生了转变,不再探求难以捉摸的因果关系,转而关注事物的相关关系

2. 下面关于大数据的解说正确的是(   )。(多选题)

A. 大数据是人们在大规模数据的基础上可以做到的事情,而这些事情在小规模数据的基础上是无法完成的

B. 大数据是人们获得新的认知、创造新的价值的源泉

C. 大数据还是改变市场、组织机构,以及政府与公民关系的方法

D. 无效的数据越来越多

3. 大数据的科学价值和社会价值正是体现在(   )。(多选题)

A. 一方面,对大数据的掌握程度可以转化为经济价值的来源

B. 另一方面,大数据已经撼动了世界的方方面面,从商业科技到医疗、政府、教育、经济、人文以及社会的其他各个领域

C. 大数据的价值不再单纯来源于它的基本用途,而更多源于它的二次利用

D. 大数据时代,很多数据在收集的时候并无意用作其他用途,而最终却产生了很多创新性的用途

4. 关于大数据的概念正确的有(   )。(多选题)

A. 大数据时代要求人们重新审视精确性的优劣

B. 大数据不仅让人们不再期待精确性,也让人们无法实现精确性

C. 错误并不是大数据固有的特性,而是一个亟需人们去处理的现实问题,并且有可能长期存在

D. 错误性是大数据本身固有的

5. 社会将两个折中的想法不知不觉地渗入了人们的处事方法中,人们甚至不再把这当成一种折中,而是把它当成了事物的自然状态。这两个折中的方法是(   )。(多选题)

A. 第一个折中是人们默认自己不能使用更多的数据,所以人们就不会去使用更多的数据

B. 第二个折中出现在数据的质量上

C. 第一个折中是人们能够容忍模糊和不确定出现在一些过去依赖于清晰和精确的领域

D. 第二个折中是能够得到一个事物更完整的概念,我们就能接受模糊和不确定的存在

6. 数据化最早的根基是(   )。(多选题)

A. 计量   B. 数字化   C. 记录   D. 阿拉伯数字

7. 关于数据的潜在价值,说法正确的是(   )。(多选题)

A. 数据的真实价值就像漂浮在海洋中的冰山,第一眼只能看到冰山一角,而绝大

部分则隐藏在表面之下

　B. 判断数据的价值需要考虑到未来它可能被使用的各种方式,而非仅仅考虑其目前的用途

　C. 在基本用途完成后,数据的价值仍然存在,只是处于休眠状态

　D. 数据的价值是其所有可能用途的总和

8. MapReduce 的 Map 函数产生很多的(　　)。

　A. key　　　　　　　B. value　　　　　　C. < key value >　　D. Hash

9. PageRank 是一个函数,它对 Web 中的每个网页赋予一个实数值。它的意图在于网页的 PageRank 越高,那么它就(　　)。

　A. 相关性越高　　　B. 越不重要　　　C. 相关性越低　　　D. 越重要

10. 大数据的简单算法与小数据的复杂算法相比(　　)。

　A. 更有效　　　　　B. 相当　　　　　C. 不具备可比性　　D. 无效

二、问答题

1. 什么是实时交互计算？什么是流计算？

2. 解释数据分类与聚类的概念。

3. 什么是数据集成？

4. 详述机器学习的定义和例子。

5. 概述机器学习在大数据方面的应用。

6. 解释数据分析语言 R 和大数据开发语言 Python 的区别。

第5章 大数据系统输出

5.1 数据的查询

5.1.1 常规数据库查询结构化数据

数据库是为便于有效地管理信息而创建的,人们希望数据库可以随时提供所需要的数据信息。因此,对用户来说,数据查询是数据库最重要的功能。在数据库中创建了对象并且在基表中添加了数据后,用户便可以从数据库中检索特定信息。

结构化查询语言(Structured Query Language,SQL)是一种特殊目的的编程语言,是一种数据库查询和程序设计语言,用于存取数据以及查询、更新和管理关系数据库系统;同时也是数据库脚本文件的扩展名。

结构化查询语言允许用户在高层数据结构上工作,它不要求用户指定对数据的存放方法,也不需要用户了解具体的数据存放方式,所以具有完全不同底层结构的不同数据库系统,可以使用相同的结构化查询语言作为数据输入与管理的接口。

不过各种通行的数据库系统在其实践过程中都对 SQL 规范做了某些编改和扩充。所以,实际上不同数据库系统之间的 SQL 不能完全相互通用。

5.1.2 大数据时代的数据搜索

在大数据时代,搜索引擎需要解决的问题不再是帮助人们从海量信息里面找到结果,而是在海量结果里面找到唯一,快速找到准确的答案比找到更多的答案更重要。

1. 结构化数据对搜索的价值

结构化数据和网页数据相比,更能满足第一点:找准唯一答案。网页分析是靠文本匹配,而结构化数据的分析既支持内容提供者的主动接入,也支持搜索引擎的个性化精准分析。这两种方式都会增加内容提供者或者搜索引擎的成本,但是付出带来的回报是用户快速得到准确的唯一答案。

2. 大数据挖掘是搜索引擎的机会

搜索引擎经过 10 多年的发展,在文本分析、关系发掘、图谱构造和用户语义理解等方面已有丰富的积累。这些技术是大数据挖掘依赖的基本技术。

一般来说,搜索引擎提供非结构化文本的查询服务,数据库引擎提供结构化数据的查询服务。因此,结构化应用和利用数据库实现的数据挖掘过程难以拓展到非结构化数据上。例如搜索引擎对一个公开站点进行索引后,如果试图利用结构化数据分析方法来对网站的注册用户行为进行分析,通常是不太可能的。例如 BBS、博客、微博的顶帖人分析,哪些是假冒的明星粉丝,哪些人是托儿,对于一些商业化公司是有用的,特别是广告公司。

目前缺乏有效的手段来进行跨越站点的综合分析,一般是针对特定网站进行设计分析。如果能够用搜索引擎来提供结构化查询的方法,很多标准的结构化分析程序将可以派上用场。

如果说大数据是金矿,拥有大数据的垂直网站、社交网站、App、云计算服务商、物联网拥有者、政府组织和企就是金矿矿山的老板。这些大数据的拥有者可以自己从金矿里面掘金,也可以将金矿卖给搜索引擎或者大数据挖掘公司来挖掘。搜索引擎为金矿买单的同时,必须将自己从加速信息流动的管道,转变为会淘金的人。

3. 互联网信息的特点

1) 面向显示与面向数据

从信息交换的角度看,目前互联网上的信息大多以 HTML 文档形式存在,用户与服务器之间信息的传递主要依赖超文本传输协议(HTTP)。HTML 文档中的信息是面向显示的,用规范的标记定义文档的文本应如何显示。这些标记的理解由浏览器负责处理,而信息的理解工作则由用户自己完成。

2) 半结构化与非结构化

在互联网上,数据嵌在 HTML 文档的文本中,而数据的部分组织信息嵌在标记中。从文档标记的角度看,HTML 是显示超链接的文档;从数据的角度看,文档所蕴含的数据也是半结构化的,这是因为:数据没有严格的结构模式、含有不同格式的数据(如文本、声音和图像等)、HTML 文本无法区分数据类型、多个异质数据源中不同的站点给含义相同的信息起了不同的名字(如"级别"与"等级"等)。

3) 不同形式数据源的数据

除了保存在 HTML 文档中的信息外,互联网上还有大量信息存储在文本文档、传统的关系或对象数据库中,这些不同形式的数据在互联网上需要通过集成并用 HTML 文档显示,以实现共享和交换。

如何有选择地从已有数据开始,生成供浏览的页面并建立站点是互联网站点管理必须仔细考虑的问题。

4) 静态与动态

互联网站点上的信息是随时间动态变化的,信息内容的变化(增加、删除和修改)需要及时地反映到互联网页面中。另一方面,站点的页面组织结构可能发生改变(如页面的增加、删除和修改)也要及时反映到站点页面的目录层次结构中。

5) 界面友好

Web 站点的信息主要面向一般的非计算机专业用户浏览和查询,因此,对界面的友好性、易用性提出了更高的要求。用户获取信息的渠道越来越多,方式越来越灵活,因此,提供给用户的服务应该适应于多种形式的用户界面。

4. XML 成为数据组织和交换事实上的标准

随着网上数据的不断激增,对网上信息的应用需求也不断提高,原有的对文本文件的链接浏览和关键词检索已无法满足一些复杂的应用需求。但是,将传统数据库技术直接应用于网上数据的最大困难在于:网上数据缺乏统一的、固定的模式,数据往往是不规则且经常变动的。因此,半结构化数据模型应运而生,其无固定模式及自描述的特点适宜于描述网上数据。

事实上,日益普及的 XML 数据就是一种自描述的半结构化数据,它的出现推动了互联网在电子商务、电子数据交换和电子图书馆等多方面的应用。但对于如何有效地存储管理和查询这类数据,目前却莫衷一是,已有的数据库技术,如关系数据库、面向对象数据库,都不能完全适应于新的应用需求,而专用的半结构化数据管理系统目前仍处于初步实验阶段。

可以预言,XML 将成为数据组织和交换事实上的标准,大量的 XML 数据将很快出现在 Web 上。XML 为 Web 的数据管理提供了新的数据模型,很多成熟的数据库技术将进入 Web 信息处理领域,将其变为一个巨大的数据库。

5.1.3　数据库与信息检索技术的比较

互联网目前还只是一个巨大的、分布的信息检索系统,大多数搜索引擎基于信息检索技术。数据库技术与信息检索技术有很多不同,如表 5.1 所示。

表 5.1　数据库技术与信息检索技术的比较

比 较 项 目	数 据 库	信 息 检 索
数据	有结构	无结构
模型	有确定性的模型	基于概率
查询语言	人工的(如 SQL 等)	自然的
查询规范	完全的	不完全的
匹配	精确匹配	部分匹配、最佳匹配
所需条目	基于匹配	基于相关
出错报告	敏感的	不敏感
推理	演绎	归纳
类属	单向度	多向度

续表

比 较 项 目	数 据 库	信 息 检 索
数据更新	完全支持	不支持
事务	支持	不支持
使用	面向应用	面向人

两者最重要的一个区别：数据库的数据结构性更强，比信息检索的数据包含更多的语义。在一定意义上，信息检索技术更适合于处理无结构数据，数据库则是管理结构数据的最好途径。在本质上，信息检索使用近似方法为用户的浏览需求查找相关信息。其中，"近似"的含义包括近似的查询条件说明、近似匹配和近似结果。

数据库的查询语言通常是人工语言，有严格的语法和词汇表；在信息检索中，经常使用的是自然语言。

随着数据数量的激增和 Web 规模的快速增长，使用传统的信息检索方法在这样一个无限的信息海洋中要准确、快速定位所需信息时，越来越显得力不从心，在未来的 Web 发展中，如何提高信息检索的准确性和效率成为关键问题。

另一方面，目前出现了超越浏览方式而使信息面向应用访问的迫切需求，从而为各种服务提供自主性、互操作性和 Web 意识。无结构的 HTML 文档及其相应的信息检索技术将不再适应下一代更复杂的 Web 应用。

因此，未来的 Web 信息将由更近似于数据库的方式进行管理，而不是目前采用的单一的信息检索方式。Web 资源需要以有结构的方式进行组织和访问。

5.2 网络数据索引与查询技术

5.2.1 搜索引擎技术概述

网络数据查询目前使用的最多的是搜索引擎（Search Engine），搜索引擎是指根据一定的策略，运用特定的计算机程序搜集互联网上的信息，在对信息进行组织和处理后，并将处理后的信息显示给用户，是为用户提供检索服务的系统。

1. 搜索引擎的发展

1990 年，加拿大麦吉尔大学计算机学院的师生想到了开发一个可以用文件名查找文件的系统，开发出 Archie。当时，万维网（World Wide Web）还没有出现，人们通过 FTP 来共享交流资源。Archie 能定期搜集并分析 FTP 服务器上的文件名信息，提供查找分别在各个 FTP 主机中的文件。用户必须输入精确的文件名进行搜索，Archie 告诉用户哪个 FTP 服务器能下载该文件。

虽然 Archie 搜集的信息资源不是网页（HTML 文件），但和搜索引擎的基本工作方式是一样的：自动搜集信息资源、建立索引、提供检索服务。所以，Archie 被公认为现代搜索引擎的鼻祖。由于 Archie 深受人们欢迎，受其启发，1993 年人们又开发了一个

Gopher 搜索工具。

2. 搜索引擎分类

1) 全文索引

全文搜索引擎是名副其实的搜索引擎,国外代表有 Google,国内则有著名的百度搜索。它们从互联网提取各个网站的信息,建立起数据库,并能检索与用户查询条件相匹配的记录,按一定的排列顺序返回结果。

根据搜索结果来源的不同,全文搜索引擎可分为两类:一类拥有自己的检索程序(Indexer),俗称"爬虫"(Spider)程序或"机器人"(Robot)程序,能自建网页数据库,搜索结果直接从自身的数据库中调用,上面提到的 Google 和百度搜索就属于此类;另一类则是租用其他搜索引擎的数据库,并按自定的格式排列搜索结果,如 Lycos 搜索引擎。

2) 目录索引

目录索引虽然有搜索功能,但严格意义上不能称为真正的搜索引擎,只是按目录分类的网站链接列表而已。用户完全可以按照分类目录找到所需要的信息,不依靠关键词(Keywords)进行查询。目录索引中最具代表性的是新浪分类目录搜索。

3) 元搜索引擎

元搜索引擎(Meta Search Engine)接受用户查询请求后,同时在多个搜索引擎上搜索,并将结果返回给用户。著名的元搜索引擎有 InfoSpace、Dogpile 和 Vivisimo 等。

5.2.2　Web 搜索引擎的工作原理

Web 搜索引擎的工作原理:首先用爬虫进行全网搜索,自动抓取网页;其次将抓取的网页进行索引,同时也会记录与检索有关的属性,中文搜索引擎中还需要首先对中文进行分词;最后,接受用户查询请求,检索索引文件并按照各种参数进行复杂的计算,产生结果并返回给用户。基于上面的原理,下面简要介绍 Web 搜索引擎。

1. Web 搜索引擎的组成

Web 搜索引擎一般由搜索器、索引器、检索器和用户接口 4 个部分组成,如图 5.1 所示。

(1) 搜索器:其功能是在互联网中漫游,发现和搜集信息。

(2) 索引器:其功能是理解搜索器所搜索到的信息,从中抽取出索引项,用于表示文档以及生成文档库的索引表。

(3) 检索器:其功能是根据用户的查询在索引库中快速检索文档,进行相关度评价,对将要输出的结果排序,并能按用户的查询需求合理反馈信息。

(4) 用户接口:其作用是接纳用户查询,显示查询结果,提供个性化查询项。

2. Web 搜索引擎的工作模式

(1) 利用网络爬虫获取网络资源。这是一种半自动化的资源获取方式。所谓半自动化,是指搜索器需要人工指定资源的统一资源定位符(Uniform Resource Locator,

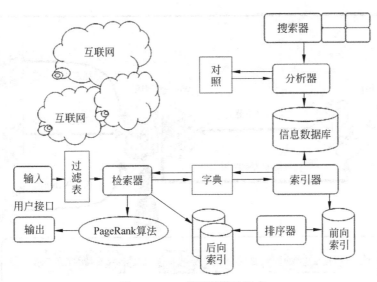

图 5.1　Web 搜索引擎的组成

URL),然后获取该 URL 所指向的网络资源,并分析该资源所指向的其他资源并获取。

　　网络爬虫访问资源的过程,是对互联网上信息遍历的过程。在实际的爬虫程序中,为了保证信息收集的全面性、及时性,还有多个爬虫程序的分工和合作问题,往往有复杂的控制机制。如 Google 公司在利用爬虫程序获取网络资源时,多个分布式的爬虫程序管理程序活动任务,然后将获取的资源作为结果返回,并重新获得任务。

　　(2) 利用索引器从搜索器获取的资源中抽取信息,并建立利于检索的索引表。当用网络爬虫获取资源后,需要对这些进行加工过滤,去掉控制代码及无用信息,提取出有用的信息,并把信息用一定的模型表示,使查询结果更为准确。

　　Web 上的信息一般表现为网页,对每个网页,须生成一个摘要,此摘要将显示在查询结果的页面中,告诉查询用户各网页的内容概要。模型化的信息将存放在临时数据库中,由于 Web 数据的数据量极为庞大,为了提高检索效率,须按照一定规则建立索引。

　　索引的建立包括如下。

　　① 分析过程,处理文档中可能的错误。

　　② 文档索引,完成分析的文档被编码进存储单元,有些搜索引擎还会使用并行索引。

　　③ 排序,将存储单元按照一定的规则排序。

　　④ 生产全文存储单元。最终形成的索引一般按照倒排文件的格式存放。

　　(3) 检索及用户交互。前面两部分属于搜索引擎的后台支持。本部分在前面信息索引库的基础上,接受用户查询请求,并到索引库检索相关内容,返回给用户,Web 搜索引擎的工作模式如图 5.2 所示。这部分的主要内容包括如下。

　　① 用户查询(Query)理解,即最大可能贴近的理解,用户通过查询串表达想要查询目的,并将用户查询转换化为后台检索使用的信息模型。

　　② 根据用户查询的检索模型,在索引库中检索出结果集。

　　③ 结果排序:通过特定的排序算法,对检索结果集进行排序。

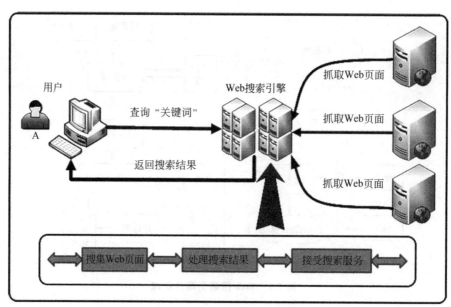

图 5.2　Web 搜索引擎的工作模式

现在用的排序因素一般有查询相关度,Google 公司发明的网页排名(PageRank)算法,百度公司的竞价技术等。由于 Web 数据的海量性和用户初始查询的模糊性,检索结果集一般很大,而用户一般不会有足够的耐心逐个查看所有的结果,所以怎样设计结果集的排序算法,把用户感兴趣的结果排在前面十分重要。

3. 搜索引擎的技术设计与算法

搜索引擎的评价指标有响应时间、查全率、查准率和用户满意度等。其中,响应时间是从用户提交查询请求到搜索引擎给出查询结果的时间间隔,响应时间必须在用户可以接受的范围之内。查全率是指查询结果集信息的完备性。查准率是指查询结果集中符合用户要求的数目与结果总数之比。用户满意度是一个难以量化的概念,除了搜索引擎本身的服务质量外,它还和用户群体、网络环境有关系。在搜索引擎可以控制的范围内,其核心是搜索结果的排序,即前文提到的如何把最合适的结果排到前面。

总的来说,Web 搜索引擎的 3 个重要问题如下。

(1) 响应时间:一般来说合理的响应时间在秒数量级。

(2) 关键词搜索:得到合理的匹配结果。

(3) 搜索结果排序:如何对海量的结果数据排序。

所以搜索引擎的体系结构在设计时就需要考虑信息采集、索引技术和搜索服务 3 个模块的设计。

5.3　大数据索引和查询技术

5.3.1　大数据索引和查询

索引和查询技术是数据处理系统的重要入口之一，近年来随着数据量、数据处理速度和数据多样性的快速发展，大数据相关的索引和查询技术作为大数据的主要入口之一也变得更为重要。

传统的索引和查询技术虽然不能很好地解决大数据带来的挑战，然而其核心技术如数据库和数据挖掘系统中使用的经典索引，信息检索系统中的倒排索引等依然是大数据索引和查询系统的基石。

大数据带来的主要挑战是其庞大的数据量，单个节点不能或者无法有效地处理这种数量级的数据。此外数据增长速度非常快，这要求系统不但能处理已有的大数据，还要能快速地处理新数据。这些特征使得人们需要考虑很多在大数据环境中独有的因素来开发和选择大数据索引和查询技术。

例如，设某搜索引擎每天新增 1 亿篇网文，考虑到网文中有些太平凡的字词不适合作为关键字，如"的""地""得""不但"和"而且"等，每个网页平均按 100 个有效关键字估算，要做完一天新增网页的索引表，用笨方法，需要扫描 1 亿网页，写出来 100 亿词汇，然后记录下所有如下的对子：＜关键字，所在页面＞ 再加以整理，去重、合并、压缩后，这需要用多长时间？需要多大的空间？

Google 公司提出了一个从海量文档中做索引的聪明方法——MapReduce（映射-归约），正是它，协调若干台计算机，并行计算，完成了索引表的构建与维护，使 Google 公司在求多求快的竞争中立于不败之地。

分布式是处理大数据的一个基本思路，这同样适用于大数据索引和查询系统。分布式索引把全部索引数据水平切分后存储到多个节点上，这可以很好地解决两个问题。

（1）单个节点无法存储庞大的索引数据。

（2）单个节点构建索引的效率瓶颈。当业务增长，需要索引更多的数据或者更快的索引数据时，可以通过水平扩展增加更多的节点来解决。

目前各大数据库厂商都已经有支持分布式索引和查询的产品，很多 NoSQL 数据库如 MongoDB、HBase 也支持分布式索引和查询。

5.3.2　大数据处理索引工具 MapReduce

映射-归约（Map-Reduce）是建立海量数据索引的方法，有人说它是里程碑性的技术。理解"映射-归约"，又是理解更时髦的 Hadoop 和 Spark 等大数据技术的基础。其实，过去人们就不知不觉地用了映射-归约技术，如机场分发登机牌，银行取号排队和流水作业阅卷。

海量数据索引使用的是倒排索引（Inverted Index）算法。倒排索引源于实际应用中需要根据属性的值来查找记录。这种索引表中的每一项都包括一个属性值和具有该属性值的各记录的地址。由于不是由记录来确定属性值,而是由属性值来确定记录的位置,因而称为倒排索引。

下面举一个例子。例如,乘客在机场办理登机手续时,会经过三次映射和一次归约。

(1)第一次映射,进入机场候机大厅,乘客会看到航班信息显示屏,把旅客分散引导到相应的值机区域,例如国航 CA1209 航班到 K 区办理。

(2)第二次映射,在工作人员指引下把乘客分到各值机台办理登机牌。

(3)第三次映射,把乘客映射到航班、座号,柜台处理包括验看证件,发放登机牌,把乘客分到航班上,并给托运行李挂上航班标签。

(4)归约成为倒排表。

把上述映射的结果按航班合并、约简,成为便于使用的倒排表,如表 5.2 所示。

表 5.2   归约成为倒排表

关 键 字	乘客证件号及其座号 队列
…	…
航班 CA1209	1(1 排 A),3(2 排 B),5(3 排 C)…
航班 3U8882	2(5 排 A),4(7 排 B),6(2 排 C)…
…	…

登机牌在该航班起飞前半小时将停办,对应倒排表停止变化,把乘客按某指标(通常关注重要程度)排序,被分发到该航班和机场、保险公司等相关部门。

此外,用多个单关键字的倒排索引作交集,可以得到多关键字的倒排索引。

(5)倒排表帮助改善服务。上述倒排索引能帮助机组人员知道登机人数与座位,改善服务,例如能叫出头等舱客户和金卡客户的姓名且服务到座位,就显得格外温馨和谐。

如有突发事件发生,作为处突依据,例如,马航官方能在突发事件后很快查出 MH370 的乘客信息。

综上所述,办理登机牌的全过程可以表达为下列经典的 MapReduce 图,这个图大致反映了并行地映射-归约的流向,但没有描述归约的细节,如图 5.3 所示。

现在的互联网搜索引擎,倒排表中机理大致如上,但数量增大若干个数量级,相当于在上图中的乘客组有几千万,值机台(CPU)有 100 万个,而航班(倒排索引项)有几万甚至几十万。

这只是为了说明'映射-归约'机制而编的例子,真实的机场工作机制要复杂得多。

大数据中的映射-归约有下列要点。

① 目标:完成某一类计算,典型实例之一是生成某个关键字上的倒排索引。

② 对象:PB 级的数据,例如来自云、分布式文件系统的文档。

③ 并行处理,多个处理单元。

④ 有序:在机场、车站,当客户增加,仅仅增加服务台来做归约(Reduce),常常不够有序,增加一个映射(Map)机制,把被处理对象分配到处理单元,是不可少的环节。春运中人们更体会到这一条。

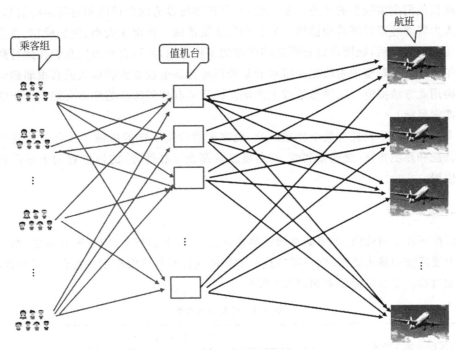

图 5.3　办理登机牌的全过程 MapReduce 图

⑤ 多层映射，多层归约：根据实际情况，归约也可以是多层次的。

5.3.3　相似性搜索工具

相似性搜索工具用于识别哪些候选要素与要匹配的一个或多个输入要素最相似（或最相异）。相似性基于数值属性（感兴趣属性）的指定列表。如果指定了一个以上的要匹配的输入要素，相似性将基于每个感兴趣属性的平均值。输出要素类（输出要素）将包含要匹配的输入要素以及找到的所有匹配的候选要素，这些要素以相似程度排序（由最相似或最不相似参数指定）。返回的匹配数基于结果数参数的值。

1. 可能的应用

可以用相似性搜索工具找出和你所在的城市在人口、教育以及临近特定娱乐机会方面相似的其他城市。

领导干部可能希望促进其城市的潜在业务，从而提高税收。相似性搜索工具有助于帮助他们找出与其城市类似的城市，以便他们可以比较自身的吸引力属性（例如低犯罪率和高成长率）。

领导干部也可能有兴趣查找比其城市大或小但位置相似的城市。找出与他们的城市相似但更小或更大且具有他们期望拥有的商业吸引力的地方，可以让他们指出相似性，同时可以强调小的优势（不那么拥挤、小城镇韵味）或者大的好处（例如更多的顾客）。

领导干部们还可能关注和他们的城市不特别相似的城市。如果任何不特别相似的地方表现出他们期望吸引的业务竞争优势,此分析则可以为他们提供相对所需的信息。

人力资源经理可能希望能够证明公司的工资范围。找出在大小、生活成本、市容建筑方面相似的城市后,她便可以查看这些城市的工资范围,从而查看他们是否在此行列。

犯罪分析师希望搜索数据库以查看某罪行是否属于较重犯罪形式或有重罪趋势。执法机构用此方法揭露毒品种植地或生产地。标识具有相似特征的地方可能有助于制定未来的搜索目标。

大型零售商不仅拥有数个成功店铺,也有少数业绩不佳的店铺。找到一些具有相似人口特征和环境特征(交通便利性、知名度以及商业互补性等)的地方有助于标识新店的最佳位置。

2. 匹配方法

匹配可基于属性值、等级属性值或属性剖面(余弦相似性)。对于所有方法,如果有一个以上要匹配的输入要素,则需要将这些要素的属性取平均值来创建复合目标要素,以用于匹配过程。复合目标要素如表 5.3 所示。

表 5.3　复合目标要素

要匹配的输入要素	感兴趣属性		
	人口	工作	失业率
A	100	50	2.5
B	105	40	2.6
用于匹配的复合目标要素	102.5	45	2.55

3. 最佳做法

1) 制图相似性模式

如果将结果数参数设定为 0,工具软件将对所有候选要素进行分级排序。此分析的输出将显示相似性的空间模式。注意,在分级排序所有候选要素时,可以获取有关相似性和相异性的信息。显示相似性的空间模式如图 5.4 所示。

2) 包括空间变量

假设已知道某濒危物种在某地(面区域)生存很好,希望找到该物种也可能茁壮成长的其他地方,也可能想寻找与物种成功存活环境相似的地方,但可能还需要这些地方足够大,足够紧凑,以保证物种成活。

在此分析中,可以计算每个区域的紧凑性指标(一般紧凑性测量基于与圆圈区域具有相同周长的平面区域的面积)。运行相似性搜索工具时,可以将紧凑性测量和能够反映平面区域的面积的属性追加到输出的字段参数中。就紧凑性和面积排列出前 10 个匹配解决方案将有助于识别引入物种的最适宜位置。

另外,或许你是一个对扩大业务感兴趣的零售商。如果你已经拥有成功店铺,可以通过能够反映成功关键特征的属性来帮助查找扩大业务的候选位置。假设你销售的产品对

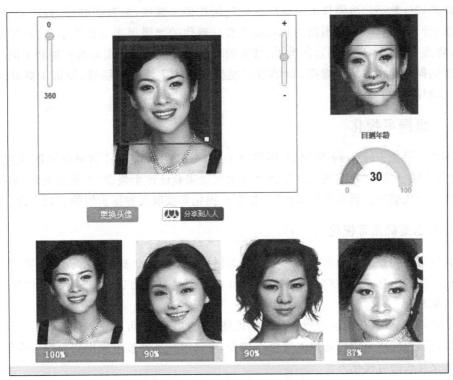

图 5.4　显示相似性的空间模式

大学生最有吸引力,并且你想避免靠近你的现有店铺或远离竞争者。在运行相似性搜索工具之前,可以使用近邻分析工具创建空间变量:与大学或大学生密度较大处之间的距离、与现有店铺的距离以及与竞争者的距离。运行相似性搜索工具时,可以将这些空间变量包括在追加到输出的字段参数之中。

5.4　数据展现与交互

计算结果需要以简单直观的方式展现出来,才能最终为用户所理解和使用,形成有效的统计、分析、预测及决策,应用到生产实践和企业运营中。因此,大数据的展现技术,以及与数据的交互技术在大数据全局中也占据重要的位置。

人脑对图形的理解和处理速度,大大高于文字。因此,通过视觉化呈现数据,可以深入展现数据中潜在的或复杂的模式和关系。随着大数据的兴起,也涌现了很多新型的数据展现和交互方式,这些新型方式包括交互式图表,可以在网页上呈现,并支持交互,可以操作、控制图标、动画和演示。另外交互式地图应用如 Google 地图,可以动态标记、生成路线、叠加全景航拍图等,由于其开放的 API 接口,可以和很多用户地图和基于位置的服务应用结合,因而获得了广泛的应用。一些图形化的工具也给网站数据可视化提供了很多种灵活的方式,从简单的线图、地质制图系统、测量仪系统,到复杂的树图都有了大量设计优良的图表工具。

此外，3D数字化渲染技术也被广泛地应用在很多领域，如数字城市、数字园区、模拟与仿真、设计制造等，具备很高的直观操作性。现代的增强现实AR技术，它通过计算机技术，将虚拟的信息应用到真实世界，真实的环境和虚拟的物体实时地叠加到了同一个画面或空间同时存在。结合虚拟3D的数字模型和真实生活中的场景，提供了更好的现场感和互动性。

5.4.1　数据可视化

图灵奖得主Jim Gray在2007年提出了"以数据为基础的科学研究第四范式"的概念，研究方法已经从"我应该设计个什么样的实验来验证这个假设"逐渐发展为"从这些已知的数据中我能够看到什么相关性"。数据可视化是获取大数据价值的有效手段。

1. 什么是数据可视化

数据可视化是关于图形或图形格式的数据展示。在一个被关注的连贯而简短的报告中体现大量的信息。虽然数据可视化可以处理书面信息，焦点往往是使用图片和图像信息传达给观众。

此外，数据可视化不仅限于涉及数据的使用。也可能是可视化各种各样的信息，例如可以将自己的想法与猜想与他人交流。如今，可以添加各种技术应用到数据可视化，甚至是选择交互式的可视化方法。

信息的视觉表达是一种古老的分享创意与体验的方法。图表和地图是一些早期数据可视化技术的重要例证。

2. 大数据分析是备受关注的技术趋势

综上所述，人类已经使用数据可视化技术很长一段时间了，图像和图表已被证明是一种有效的方法来进行新信息的传达与教学。有研究表明，80％的人还记得他们所看到的，但只有20％的人记得他们阅读的！技术的发展进一步提高了数据可视化带给人们的机遇。

也许使用数据可视化的最重要的好处是它能够帮助人们更快地理解数据。你可以在一个图表中突出显示一个大的数据量，并且人们可以快速地发现关键点。在书面形式，它可能需要数小时来分析所有的数据及联系。

此外，这种展示巨量数据的能力是另一个数据可视化的优点。一张图表可能会突出显示一些不同的事项，人们可以在数据上形成不同的意见。这自然能为商业开辟新的途径。人们或许能从数据中发现一些意想不到的东西。

信息可视化囊括了数据可视化、信息图形、知识可视化、科学可视化，以及视觉设计方面的所有发展与进步。根据ESM国际电子商情针对大数据应用现状和趋势的调查：被调查者最关注的大数据技术中，排在前5位的分别是大数据分析（12.91％）、云数据库（11.82％）、Hadoop（11.73％）、内存数据库（11.64％）和数据安全（9.21％）。

既然大数据分析是备受关注的技术趋势，那么大数据分析中的哪项功能是最重要的呢？研究发现，排在前3位的功能分别是实时分析（21.32％）、丰富的挖掘模型（17.97％）

和可视化界面(15.91%)。企业对实时分析的需求激增,成就了很多以实时分析为创新技术的大数据厂商。

从调查结果可以看出:企业在未来一两年中有迫切部署大数据的需求,并且已经从一开始的基础设施建设,逐渐发展为对大数据分析和整体大数据解决方案的需求。

3. 数据可视化分析

数据可视化分析一般可以分为以下 5 种类型。

1) 原始数据分析

有时客户并不完全了解自己的数据,人员更替,平台迁移,数据遗失,没有专门的负责人去进行数据的管理和维护,都会造成数据的资源浪费。所以,先从整理过去开始。

2) 营销数据分析

营销数据的重要性就不用赘述了,既要纬度多,又要分析深刻,结论明了。最好是又美观又能方便导出,还可以通过邮箱分享或者嵌入网页。营销数据分析如图 5.5 所示。

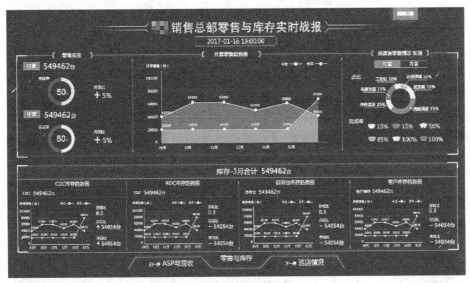

图 5.5　营销数据分析

3) 业务场景数据分析

能把已有业务场景数据可视化是比较个性化的需求,但是一旦实现,某种程度来说还是能增加工作效率。一些例子表明,可视化是有助于监控风险。

例如,银行客户订制了一套基于转账的可视化系统,若有人打款,就会从打款地发出一条光束到达收款地。管理层仔细观察一段时间后惊人地发现,在每天的同一时间段,有100 多条光束会同时汇集落到同一地点,也就是说,100 多个账户在打款进同一账户中。最后经过查证,是不法行为。这就是通过数据可视化直观监测反洗钱的典型案例。业务场景数据分析如图 5.6 所示。

4) 地理位置数据分析

一般的 LBS 场景是,将业务数据放置于地图中,用户可以获取可视化的数据分析,并

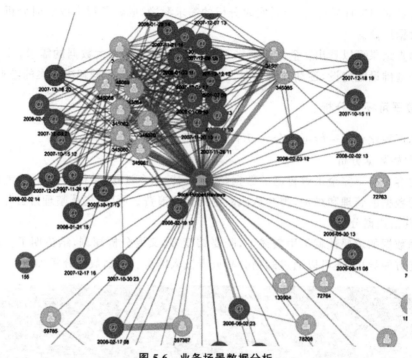

图 5.6　业务场景数据分析

能自行上传位置的数据。但是现在也有结合物联网需求的可视化地理位置分析,是不是
更有实感? 例如看部分美国肯德基、麦当劳和汉堡王门店的分布图就可以发现适合开店
的区域和潜在的客户群的位置,如图 5.7 所示。

图 5.7　地理位置数据分析

5) 用户画像

让商家去具体地了解用户的信息,并做出判断和进行营销,更美 App 用户画像如
图 5.8 所示。

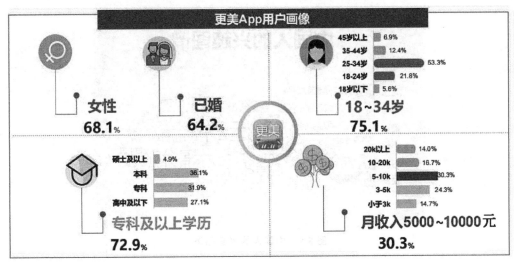

图 5.8　更美 App 用户画像

4. 个性化精准推荐

下一波数字化淘金浪潮将会是如何利用数据来解决实际问题,而不仅仅是使用数据的行为。

在技术不到位、数据储备不足的情况下,个性化服务可能出力不讨好。理论上个性化服务可以通过消除通知噪声来提高现有用户的满意度,同时可以发展新用户,利用长尾效应增加收益。

1）阅读推荐

订阅选项非常丰富,或关联社交账户,或通过搜索关注话题,或根据以往阅读文章推论,或根据关注对象等。

2）商品推荐

根据浏览过的商品推荐,根据购买过的商品推荐,根据和你一样购买过的人推荐,虽说老套,但成功率比较高。

3）社交图谱和兴趣图谱

把所有和你有关的都连在一起,在很多企业中,社交图谱分析已经在反欺诈、影响力分析、舆情监测、市场细分、参与优化、体验优化,以及其他需要快速确定复杂行为模式的领域成功应用。中国人的兴趣图谱如图 5.9 所示。

当看到这个东西完完全全为我自己打造时,我更想知道,别人在看些什么,我上网是为了融入这个世界啊。

5. 预测和预警

预测和预警无论是在商业或者是生活问题解决上都是有实际意义的,在初期,人们对其可到达的精准程度还是有一定担忧。

图 5.9　中国人的兴趣图谱

1）交通状况预测

监控提供的数据可以帮助追踪道路交通情况，可以进行线路推荐和目的地到达时间的预测。通过算法，如果街道上涌现出大批人群，车辆可以及时进行交通道路调整。

2）医疗类预测

利用数据库中病情发展记录进行预测。这种预测将基于对患者日常行为的观测，力求在病情出现恶化之前就介入治疗。甚至有机构调查一些拥有长寿者的家谱和基因里蕴含的生命信息。最后即使不能通过研究找到延长寿命的方法，但至少能通过疾病预防，提高老年群体的生活质量。

3）消费信誉预测

通过数据挖掘分析和机器学习技术，对申请者提交的信息进行识别，并结合个人社交行为及海量互联网信息，对个人信用进行在线评分。基于强大的数据点基础，很快让用户得到信用额度，额度可以用在各类金融和非金融服务领域。

6. 决策分析

大到总金额无法计算的商业决策，小到站在包子铺门口的纠结，出门走哪条路，参加朋友婚礼穿什么衣服，若是真有完美的决策分析，无疑是选择恐惧症患者的福音。

1）销售决策

例如一个购物网站，当消费者登录这个网站时，会把这名消费者在网站上的行为和以前其他登录过该网站的消费者行为做对比，做出分析和预测，然后给出一份实时的建议：例如，现在平台是应该向消费者抛出一个聊天信息、一个产品打折的报价、一个视频对话，还是一个电话会比较好？或者是什么都不做最好。

2）旅行决策

通过抓取海量数据，分析提取关键字，建立评分体系，让用户不用看长篇攻略就能掌握核心信息，快速做出旅行决策。

对于大数据的定义，著名研究机构 Gartner 给出了这样的定义："大数据是需要新处理模式才能具有更强的决策力、洞察发现力和流程优化能力的海量、高增长率和多样化的信息资产"。去掉这句话里所有的定语,得到"大数据是信息资产"。所以,不管有没有大到哪一种体量级别,至少让数据信息成为一种资产也算是有大数据精神。

5.4.2　知识图谱

知识图谱(Knowledge Graph)是当前的研究热点。自从 2012 年 Google 公司推出自己第一版知识图谱以来,它在学术界和工业界掀起了一股热潮。各大互联网企业在之后的短短一年内纷纷推出了自己的知识图谱产品以作为回应。例如在国内,百度和搜狗分别推出"知心"和"知立方"来改进其搜索质量。

1. 知识图谱的概念与表示

知识图谱本质上是语义网络,是一种基于图的数据结构,由节点(Point)和边(Edge)组成。在知识图谱里,每个节点表示现实世界中存在的"实体",每条边为实体与实体之间的"关系"。知识图谱是关系的最有效的表示方式。

通俗地讲,知识图谱就是把所有不同种类的信息(Heterogeneous Information)连接在一起而得到的一个关系网络。知识图谱提供了从"关系"的角度去分析问题的能力。

"知识图谱"这个概念最早由 Google 公司提出,主要是用来优化现有的搜索引擎。不同于基于关键词搜索的传统搜索引擎,知识图谱可用来更好地查询复杂的关联信息,从语义层面理解用户意图,改进搜索质量。例如对于稍微复杂的搜索语句"谁是比尔·盖茨的妻子(Who is the wife of Bill Gates)",Google 公司能准确返回他的妻子 Melinda Gates。这就说明搜索引擎通过知识图谱真正理解了用户的意图,如图 5.10 所示。

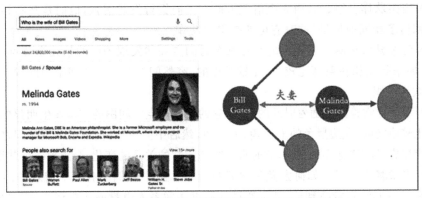

图 5.10　通过知识图谱真正理解了用户的意图

上面提到的知识图谱都属于比较宽泛的范畴,在通用领域里解决搜索引擎优化和问答系统(Question-Answering)等方面的问题。接下来看一下特定领域里的(Domain-Specific)知识图谱表示方式和应用,这也是工业界比较关心的话题。

2. 知识图谱的应用

以下主要讨论知识图谱在互联网金融行业中的应用,当然,很多应用场景和想法都可以延伸到其他各行各业。这里提到的应用场景只是冰山一角,在很多其他应用上,知识图谱仍然可以发挥它潜在的价值,以后继续讨论。

知识图谱在金融行业里面比较典型的应用就是风控反欺诈,如图 5.11 所示。

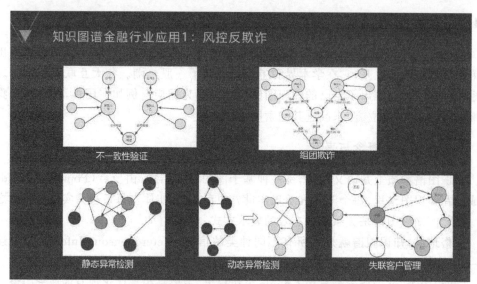

图 5.11　知识图谱的应用——风控反欺诈

（1）知识图谱可以进行信息的不一致性检查,来确定是不是存在可能的借款人欺诈的风险,例如借款人甲和乙都来自于不同的公司,但是他却非常诡异地留下了相同公司的电话号码,这时审核人员就要格外留意了,有可能会存在欺诈的风险。

（2）组团欺诈。甲、乙、丙 3 个借款人同一天向银行发起借款,他们是互不相关的人,但是他们留了相同的地址,这时有可能是组团欺诈。

（3）静态异常检测。它表示的是在某个时间点突然发现图中的某几个节点的联系异常紧密,原来是互相联系都比较少、比较松散的,突然间有几个点之间密集的联系,有可能会出现欺诈组织。

（4）动态异常检测是随着时间的变化,它的几个节点之间图的结构发生明显的变化,原来它是比较稳定的,左边黑色的上三角、下三角,然后中间连线,但过了一段时间之后,整个图的结构变成了右边这样的结构,此时很可能是异常的关系的变化,会出现一个欺诈组织。

（5）失联客户管理。如何去做失联客户管理? 图中的例子有一个借款的用户,银行可能现在没有办法直接找到他,甚至通过他的直接联系人也没办法找到他,那这时是不是可以再进一步地通过他的二度联系人来间接地找到他? 通过这样的图结构是可以快速找到他的二度联系人,如张小三或者是王二,再去联系他们,尝试把李四这个人给找到。

5.5　大数据应用案例：上海的房子都被谁买走了

事情是这样的：某年某月某日,学姐过来对我说：“小团啊,最近股市风起云涌变幻莫测,我觉得还是投资固定资产比较靠谱。可是,我一个外地女生在上海买得起房吗?”

我问："学姐你收入多少？我帮你算算吧。"

学姐说："这也太隐私了，可不能随便告诉你，你就从整体上看一看吧。"

好吧。为了满足学姐这个毫无诚意的无理要求，我只好找出某房地产代理商提供的2014 年 7 月到 2015 年 6 月上海一手房交易的抽样数据，样本数大约 1 万个，数据字段包括房屋价格和区位信息、购房者性别及脱敏后的身份证号（不包括姓名和末 4 位）等。

既然不掌握学姐的个人收入数据，那么只能从统计的角度看看：上海的房子都被谁买走了？

下面就从购房者的户籍来源、性别、星座和年龄 4 个角度分析一下吧。

1. 购房者来源：上海人 VS 新上海人

将身份证号以 310 开头的购房者定义为"土生土长的上海人"，简称"上海人"；将其他购房者，也就是原户籍不在上海、已在上海购房的人定义为"新上海人"。

从最近一年的数据来看，购房者中上海人占比为 48.5％，低于新上海人的 51.5％。也就是说，上海有一半的房子被原籍意义上的"外地人"买走了。那么，新上海人都来自哪里呢？可以看到，各省在沪购房者人数呈现明显的以上海为中心向外递减的圈层结构，即距离上海越近的地区，来沪购房者越多。

按地域片区来看，在沪购房者人数呈现出"华东＞华中＞东北＞华北＞西北＞西南＞华南"的规律。而在华东地区，原籍江苏、安徽和浙江的购房者占据了新上海人总数的41.7％。

很明显，来沪买房子的新上海人大多来自于上海周边的城市。是不是来自于这些地方的新上海人更热衷于买上海的房子呢？

买房比例最高的居然是东北、华北和新疆！而在买房人数上占优的华东，买房比例反而是偏低的。总体来看：

新上海人买房比例排列最高的前三名：天津、辽宁和内蒙古。

新上海人买房比例排列最低的后三名：安徽、四川和贵州。

我想，大概北方离上海较远，因此只有实力强大、内心坚定的北方人才会来上海发展，而且来就抱着"扎根"的信念；与之相比，从华东来上海的人数量更多，目的更多元，经济实力和个人能力差异也比较大，因此拉低了本省人在上海购房的比例。

学姐，作为一个外地人，你下定决心买房了吗？

2. 购房者性别：男性 VS 女性

从总体来看：

最近一年的上海购房者中性别比为 147：100。

购房者中，上海人性别比为 144：100。

购房者中，新上海人性别比为 151：100。

显而易见，上海的房子更多都被男性买走了。

可以看看不同原籍的购房者的性别比（蓝色表示男性购房者比例高，红色表示女性购房者比例高，黄色表示相对均衡；删去了数据异常的西藏和重庆样本，以下同）。

可以看到,来自全国大部分地区的购房者都以男性居多,在沿海地区更明显。

上海购房者性别比最高原籍省前三名:广东、山东和江苏。

上海购房者性别比最低原籍省后三名:新疆、海南和宁夏。

那么,男性买房比例是不是比女性更高呢?

还是用前面定义的购房指标,将购房性别比与总人口性别比进行比对,计算得到新上海人中男女购房指标分别为8.9和5.0。没错,就上海而言,男性买房的比例也远比女性更高。

那么,这一差异有没有地域特征呢?

可以看到,全国大部分地区的男性在上海购房的比例都高于女性,且东部比西部差异更大。

新上海人买房男性指标最高前三名:天津、辽宁和内蒙古。

新上海人买房女性指标最高前三名:北京、宁夏和河北。

看来买房子始终还是大部分男性的核心人生任务啊。学姐,你赶紧买房子改变这个比例吧!

3. 购房者星座

接下来,我们又非常八卦地统计了最近一年在沪购房者的星座,如图5.12所示。

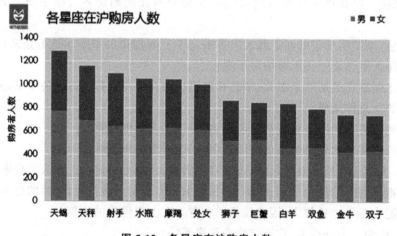

图5.12　各星座在沪购房人数

可以看到,无论男女,天蝎、天秤和射手3个星座都稳居前三甲。

学姐,你们双子座貌似在买房上表现的一般,您还买房吗?

4. 购房者年龄

我们算了一下:

上海人的购房年龄平均数为38～39岁。

新上海人的购房年龄平均数为35～36岁。

也就是说,新上海人购房比上海人要早3年(注:未区分首套房和换房)。但如果把购房者分为上海男、上海女、新上海男和新上海女 4 个组,并按空间圈层比较的话,会看到差异更加清晰,如图 5.13 所示。

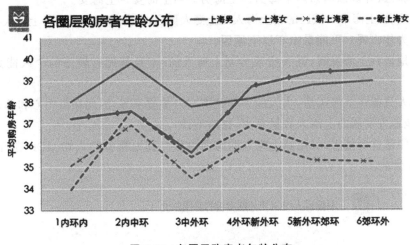

图 5.13 各圈层购房者年龄分布

可以看到:

上海男和新上海男的年龄随空间圈层的变化趋势相同,且 3 岁的年龄差异稳定存在。

但值得注意的是,市中心女性购房者年龄比男性要小,而郊区女性购房者年龄比男性要大。

学姐,你到底要买哪里的房子呢?

上海的好房子都被谁买走了。什么是"好房子"呢?——一千个人心中有一千个哈姆雷特。为了回答这个问题,我们不妨简单粗暴地认为市中心的就是好房子。

仍然按照 4 组人购买的房子的区位进行统计,各圈层购房者比例分布如图 5.14 所示。

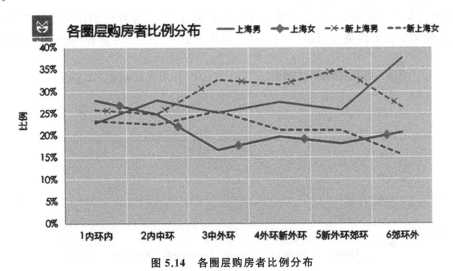

图 5.14 各圈层购房者比例分布

由图可知：

市中心（内环以内），上海女＞新上海男＞新上海女＞上海男。

中心城区（外环以内），新上海男＞上海男＞新上海女＞上海女。

简单地说，上海中心城区的新上海人比上海人更多，更多的好房子被新上海人买走了。这是为什么呢？可能是由于以下原因。

从外地来到上海发展，并买房成为新上海人的，本身就拥有较强的个人能力或经济实力。

上海人只能在上海买房，个人能力和经济实力参差不齐，因此在市中心和郊区都会买房（去其他地方发展的上海人数量很少，忽略不计）。

为了印证这个猜想，又用新上海人购房的总价与其原籍省的人均 GDP 进行了比较，如图 5.15 所示。

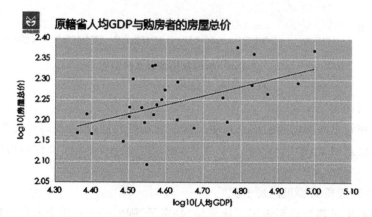

图 5.15　原籍省人均 GDP 与购房者的房屋总价

由图可知，两者之间的正相关的关系还是比较明显的。也就是说，买什么样的房，跟地区和家庭的经济实力有很大的关系。

再对性别进行比较，我们会发现：从市中心向郊区，购房者性别比呈增加趋势，也就是说，女性买房比男性更靠近市中心。这一点在新上海人中更为显著，如图 5.16 所示。

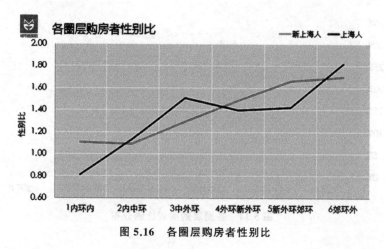

图 5.16　各圈层购房者性别比

数据来源说明如下。

(1) 房屋销售和购房者数据来源于同策房产咨询。

(2) 其他数据来源于《2010 年上海市人口普查数据》《上海统计年鉴 2014》等。

习题与思考题

一、选择题

1. 下列( )不是大数据提供的用户交互方式。

    A. 统计分析和数据挖掘　　　　　　　B. 任意查询和分析

    C. 图形化展示　　　　　　　　　　　D. 企业报表

2. 关于大数据和互联网,以下( )说法是正确的。(多选题)

    A. 互联网的出现使得监视变得更容易,成本更低廉也更有用处

    B. 大数据不管如何运用都是人们合理决策过程中的有力武器

    C. 大数据的价值不再单纯来源于它的基本用途,而更多源于它的二次利用

    D. 大数据时代,很多数据在收集的时候并无意用作其他用途,而最终却产生了很
       多创新性的用途

3. 在网络爬虫的爬行策略中,应用最为基础的是( )。(多选题)

    A. 深度优先遍历策略　　　　　　　　B. 广度优先遍历策略

    C. 高度优先遍历策略　　　　　　　　D. 反向链接策略

    E. 大站优先策略

4. 大数据科学关注大数据网络发展和运营过程中( )大数据的规律及其与自然
和社会活动之间的关系。

    A. 大数据网络发展和运营过程　　　　B. 规划建设运营管理

    C. 规律和验证　　　　　　　　　　　D. 发现和验证

5. 大数据的价值是通过数据共享、( )后获取最大的数据价值。

    A. 算法共享　　　　B. 共享应用　　　　C. 数据交换　　　　D. 交叉复用

6. IBM 大数据平台和应用程序框架,( )以经济高效的方式分析 PB 级的结构化
和非结构化信息。

    A. 流计算　　　　　B. Hadoop　　　　　C. 数据仓库　　　　D. 语境搜索

7. 临床决策支持系统通过电子病历、医学指导的比较等提高手术质量,降低错误治
疗和( )。

    A. 医疗事故　　　　B. 病患投诉　　　　C. 民事诉讼　　　　D. 手术费用

8. 《数据新闻学手册》的作者们认为,通过数据的使用,记者工作的重点从"第一个报
道者"转化成为对特定事件影响的( )。

    A. 拍摄者　　　　　B. 知情者　　　　　C. 记录者　　　　　D. 阐释者

9. 通过( )和展示数据背后的( ),运用丰富的、具有互动性的可视化手段,数
据新闻学成为新闻学作为一门新的分支进入主流媒体,即用数据报道新闻。

A. 数据采集　　　　B. 数据挖掘　　　　C. 真相　　　　D. 关联与模式

10. KDD 是（　　）。

A. 数据挖掘与知识发现　　　　B. 领域知识发现

C. 文档知识发现　　　　D. 动态知识发现

二、问答题

1. 比较数据库与信息检索技术。

2. 解释 Web 搜索引擎的工作原理。

3. 大数据索引和查询是如何进行的？

4. 概述数据可视化的定义与应用。

5. 概述知识图谱的概念和应用。

大数据分析与数据挖掘

6.1 大数据分析及其应用

6.1.1 数据处理和分析的发展

1. 传统方式的数据处理和分析

传统上,为了特定分析目的进行的数据处理都是基于静态的模式。通过常规的业务流程,企业通过 CRM、ERP 和财务系统等应用程序,创建基于稳定数据模型的结构化数据。

数据集成工具用于从企业应用程序和事务型数据库中提取、转换和加载数据到一个临时区域,在这个临时区域进行数据质量检查和数据标准化,数据最终被模式化到整齐的行和表。这种模型化和清洗过的数据被加载到企业级数据仓库。这个过程会周期性发生,如每天或每周,有时会更频繁。

在传统的数据仓库中,数据仓库管理员创建计划,定期计算仓库中的标准化数据,并将产生的报告分配到各业务部门。他们还为管理人员创建仪表板和其他功能有限的可视化工具。

同时,业务分析师利用数据分析工具在数据仓库进行高级分析,或者通常情况下,由于数据量的限制,将样本数据导入到本地数据库中。非专业用户通过前端的商业智能工具对数据仓库进行基础的数据可视化和有限的分析。传统数据仓库的数据量很少超过几 TB,因为大容量的数据会占用数据仓库资源并且降低性能。传统的数据处理和分析资料如图 6.1 所示。

2. 大数据处理和分析的新方法

存在多种方法处理和分析大数据,但多数都有一些共同的特点,即它们利用硬件的优势,使用扩展的、并行的处理技术,采用非关系数据存储处理非结构化和半结构化数据,并对大数据运用高级分析和数据可视化技术,向终端用户传达见解。

在大数据的数据挖掘分析领域中,最常用的 4 种数据分析方法是描述型分析、诊断型分析、预测型分析和指令型分析。

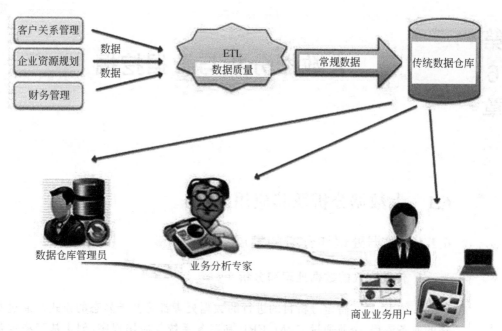

图 6.1　传统的数据处理和分析资料

(1) 描述型分析：发生了什么？

这是最常见的分析方法。在业务中，这种方法向数据分析师提供了重要指标和业务的衡量方法。

例如，每月的营收和损失账单。数据分析师可以通过这些账单，获取大量的客户数据。了解客户的地理信息，就是描述型分析方法之一。

利用可视化工具，能够有效地增强描述型分析所提供的信息。例如"各产品销售量统计表预警图"，从图中可以明确地看到哪些商品的销售达到了销售量预期。

(2) 诊断型分析：为什么会发生？

描述型数据分析的下一步就是诊断型数据分析。通过评估描述型数据，诊断分析工具能够让数据分析师深入地分析数据，钻取到数据的核心。良好设计的商业智能数据可视化的软件能够整合：按照时间序列进行数据读入、特征过滤和钻取数据等功能，以便更好地分析数据。例如，"销售控制台"数据可视化图形可以分析出"区域销售构成""客户分布情况""产品类别构成"和"预算完成情况"等信息。

(3) 预测型分析：可能发生什么？

预测型分析主要用于进行预测。事件未来发生的可能性、预测一个可量化的值，或者是预估事情发生的时间点，这些都可以通过预测模型来完成。预测模型通常会使用各种可变数据来实现预测。数据成员的多样化与预测结果密切相关。在充满不确定性的环境下，预测能够帮助人们做出更好的决定。

预测模型也是很多领域正在使用的重要方法。例如从"销售额和销售量"图形中，可以分析出全面的销售量和销售额基本呈上升趋势，借此可推断明年的基本销售趋势。

（4）指令型分析：需要做什么？

数据价值和复杂度分析的下一步就是指令型分析。指令模型基于对"发生了什么""为什么会发生"和"可能发生什么"的分析，来帮助用户决定应该采取什么措施。

通常情况下，指令型分析不是单独使用的方法，而是前面的所有方法都完成之后，最后需要完成的分析方法。例如，交通规划分析考察了每条路线的距离、每条线路的行驶速度，以及目前的交通管制等方面因素，来帮助选择最好的回家路线。

6.1.2　大数据分析面对的数据类型

有一个概念可以很清楚地区分大数据分析和其他形式的分析：要分析的数据有多大的数据量、数据规模如何和数据是否呈多样性。

在过去，通常是从非常大的数据库中提取样本数据集，建立分析模型，然后通过测试再调整的过程加以改进。现在，随着计算平台能够提供可扩展的存储和计算能力，可分析的数据量几乎不再受任何限制。这意味着，实时预测性分析和访问大量正确的数据可以帮助企业改善业绩。这样的机会取决于企业能否整合和分析不同类型的大数据。以下四大类数据就是大数据要分析的数据类型。

1. 交易数据

大数据平台能够获取时间跨度更大、更海量的结构化交易数据，这样就可以对更广泛的交易数据类型进行分析，不仅仅包括销售终端 POS 机或电子商务购物数据，还包括行为交易数据，例如 Web 网络服务器记录的互联网点击流数据日志。

2. 人为数据

非结构化数据广泛存在于电子邮件、文档、图片、音频、视频，以及通过博客、维基，尤其是社交媒体产生的数据流。这些数据为使用文本分析功能进行分析提供了丰富的数据源。

3. 移动数据

能够上网的智能手机和平板计算机越来越普遍。这些移动设备上的 App 应用程序都能够追踪和沟通无数事件，从 App 内的交易数据（如搜索产品的记录事件）到个人信息资料或状态报告事件（如地点变更即报告一个新的地理编码）。

4. 机器和传感器数据

这包括功能设备创建或生成的数据，例如智能电表、智能温度控制器、工厂机器和连接互联网的家用电器。这些设备可以配置为与互联网络中的其他节点通信，还可以自动向中央服务器传输数据，这样就可以对数据进行分析。机器和传感器数据是来自新兴的物联网所产生的主要例子。来自物联网的数据可以用于构建分析模型，连续监测预测性行为（如当传感器值表示有问题时进行识别），提供规定的指令（如警示技术人员在真正出问题之前检查设备）。

6.1.3　大数据分析与处理方法

越来越多的应用涉及大数据,这些大数据的属性,包括数量、速度和多样性等都呈现了大数据不断增长的复杂性,所以,大数据的分析方法在大数据领域就显得尤为重要,可以说是决定最终信息是否有价值的决定性因素。基于此,大数据分析的方法理论有哪些呢?

大数据分析包括以下 5 个基本方面的内容。

1. 预测性分析能力

数据挖掘可以让分析员更好地理解数据,而预测性分析可以让分析员根据可视化分析和数据挖掘的结果做出一些预测性的判断。

2. 数据质量和数据管理

数据质量和数据管理是一些管理方面的最佳实践。通过标准化的流程和工具对数据进行处理可以保证一个预先定义好的高质量的分析结果。

3. 可视化分析

不管是对数据分析专家还是普通用户,数据可视化是数据分析工具最基本的要求。可视化可以直观地展示数据,让数据自己说话,让观众听到结果。

4. 语义引擎

由于非结构化数据的多样性带来了数据分析的新挑战,人们需要一系列的工具去解析、提取和分析数据。语义引擎需要被设计成能够从文档中智能提取信息。

5. 数据挖掘算法

可视化是给人看的,数据挖掘是给机器看的。集群、分割和孤立点分析还有其他的算法让人们深入数据内部,挖掘价值。这些算法不仅要处理大数据的量,也要处理大数据的速度。

假如大数据真的是下一个重要的技术革新的话,最好把精力关注在大数据能给人们带来的好处,而不仅仅是挑战。

6.1.4　数据分析的步骤

什么是数据分析?

数据分析是用适当的统计分析方法对收集来的大量数据进行分析,将它们加以理解并消化,以求最大化地开发数据的功能,发挥数据的作用。

1. 数据分析的目的

把隐藏在一大批看似杂乱无章的数据背后的信息集中和提炼出来,总结出研究对象的内在规律。

2. 数据分析的分类

数据分析主要有三大作用：描述性分析、探索性分析和验证性分析，如图 6.2 所示。

图 6.2　数据分析的三大作用

3. 数据分析的六部曲

数据分析流程主要分为 6 个步骤，如图 6.3 所示。

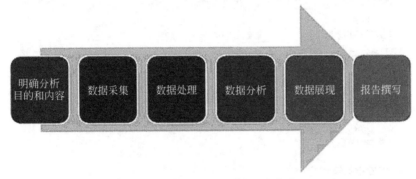

图 6.3　数据分析流程的 6 个步骤

1）明确分析目的和内容

梳理分析思路，并搭建分析框架，把分析目的分解成若干个不同的分析要点，即如何具体开展数据分析，需要从哪几个角度进行分析，采用哪些分析指标。同时，确保分析框架的体系化和逻辑性。

2）数据采集

一般数据来源于 4 种方式：数据库、第三方数据统计工具、专业的调研机构的统计年鉴或报告、市场调查。

对于数据采集需要预先做"埋点"，指的是针对特定用户行为或事件进行捕获、处理和发送的相关技术及其实施过程。在发布前一定要经过谨慎的校验和测试，因为一旦版本发布出去而数据采集出了问题，就获取不到所需要的数据，影响分析。

3）数据处理

数据处理主要包括数据清洗、数据转化、数据提取和数据计算等处理方法，将各种原始数据加工成为产品经理需要的直观的可看数据。

4）数据分析

数据分析是用适当的分析方法及工具，对处理过的数据进行分析，提取有价值的信息,形成有效结论的过程。

常用的数据分析工具,掌握 Excel 的数据透视表,就能解决大多数问题。需要的话,可以再有针对性地学习 SPSS 和 SAS 等。

数据挖掘是一种高级的数据分析方法,侧重解决 4 类数据分析问题:分类、聚类、关联和预测,重点是寻找模式与规律。

5) 数据展现

一般情况下,数据是通过表格和图形的方式来呈现的。常用的数据图表包括饼图、柱形图、条形图、折线图、气泡图、散点图和雷达图等。进一步加工整理变成我们需要的图形,如金字塔图、矩阵图、漏斗图和帕雷托图等,如图 6.4 所示。

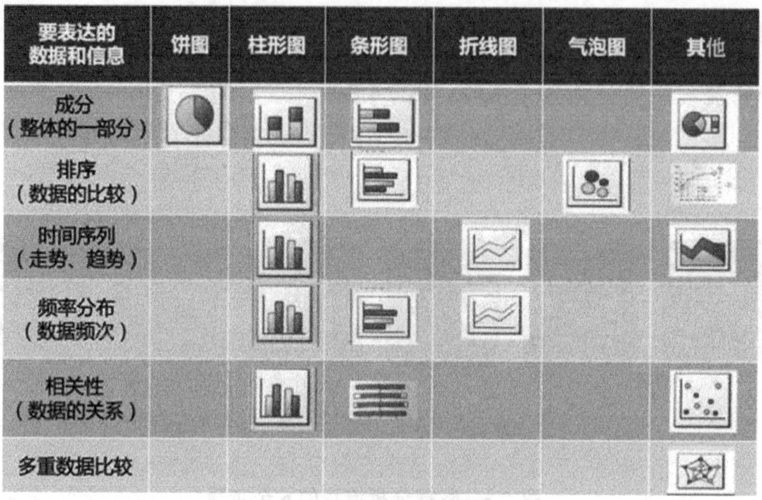

要表达的数据和信息	饼图	柱形图	条形图	折线图	气泡图	其他
成分（整体的一部分）	●	▮	▬			◐
排序（数据的比较）		▮	▬		●●	⋰
时间序列（走势、趋势）		▮		∿		∿
频率分布（数据频次）		▮	▬	∿		
相关性（数据的关系）		▮	≡			⦂
多重数据比较						★

图 6.4　数据展现的图表

一般能用图说明问题的就不用表格,能用表格说明问题的就不用文字。

6) 报告撰写

一份好的数据分析报告,首先需要有一个好的分析框架,并且图文并茂,层次明晰,能够让阅读者一目了然。结构清晰、主次分明可以使阅读者正确理解报告内容;图文并茂,可以令数据更加生动活泼,提高视觉冲击力,有助于阅读者更形象、直观地看清楚问题和结论,从而产生思考。

好的数据分析报告需要有明确的结论、建议或解决方案。

4. 数据分析的四大误区

(1) 分析目的不明确,为了分析而分析。

(2) 缺乏行业、公司业务认知,分析结果偏离实际。数据必须和业务结合才有意义。摸清楚所在产业链的整个结构,对行业的上游和下游的经营情况有大致的了解,再根据业务当前的需要,制订发展计划,归类出需要整理的数据。同时,熟悉业务才能看到数据背后隐藏的信息。

(3) 为了方法而方法,为了工具而工具,只要能解决问题的方法和工具就是好的方法和工具。

（4）数据本身是客观的,但被解读出来的数据是主观的。同样的数据由不同的人分析很可能得出完全相反的结论,所以一定不能提前带着观点去分析。

6.1.5　大数据分析的应用

1. 大数据分析应用场景

假如以下应用场景听上去那么像你了解的企业,就要认真开始考虑大数据分析工具,这将是一项合理的投资!

1）客户分析

客户分析包括分析客户的信息资料、行为和特点到开发模型,对客户进行细分、预测流失以及提供帮助挽留客户的下一个最好报价。

2）营销分析

有两种营销用例。第一种营销用例是使用营销模型,改进面向客户的应用程序,更好地向客户提供推荐。例如,更好地识别交叉销售和追加销售机会,减少放弃的购物车,总体提升集成推荐引擎的准确性。第二种营销用例更加具有反思性,因为它是为了展示营销部门过程和活动的表现,并建议进行调整,以优化绩效。例如,分析哪个活动解决了确认群体的需求,或激励活动付诸行动的成功率。

3）社交媒体分析

通过不同社交媒体渠道生成的内容为分析客户情感和舆情监督提供了丰富的资料。

4）网络安全

大规模网络安全事件（如对 Target、Sony 的网络攻击）的发生,让企业越来越意识到网络攻击发生时快速识别的重要性。识别潜在的攻击包括建立分析模型,监测大量网络活动数据和相应的访问行为,以识别可能进行入侵的可疑模式。

5）设备管理

随着越来越多的设备和机器能够与互联网相连,企业能够收集和分析传感器数据流,包括连续用电、温度、湿度和污染物颗粒等无数潜在变量。模型还可以预测设备故障,安排预防性的维护,以确保项目正常进行,不中断。

6）管道管理

越来越多的能源管道具有传感器和通信功能。连续的传感器数据可以用来分析本地和全球性问题,表示是否需要引起注意或进行维护。

7）供应链和渠道分析

通过对仓库库存、POS 交易和多种渠道的运输（如陆运、铁路和海运）进行分析,可建立预测分析模型,有效帮助预先补货,制定库存管理策略,管理物流,以及因延迟危及及时交货时对线路进行优化并发送通知。

8）价格优化

零售商希望最大限度提高产品销售的整体盈利,建立的分析模型可以结合不同种类的数据流,包括竞争对手的价格、跨不同地域的销售交易数据（以查看需求）,以及生产、库存和供应链的信息（以监测供货）。这样的模型可以动态地调整产品价格：在供不应求时，或竞争对手没货时，价格上涨；当因季节变化需清理库存时，价格下调。

9）欺诈行为检测

身份盗用事件不断增长，随之而来的是欺诈行为和交易的不断增长。金融机构对上亿条的交易数据进行分析，以识别欺诈行为模式。这样的分析模型还可以在潜在欺诈交易可能发生时，向用户发送警示。

所有这些应用场景都具有相似的特点，即分析涉及结构化和非结构化数据，被访问的数据或数据流来自不同来源，以及数据量可能巨大。反之，对数据进行分析可以建立分析模型，用于实时识别来自同一数据源和数据流的模式。

2. 大数据分析技术

让大数据技术如此引人注目的部分原因是，大数据技术可以让企业找到问题的答案，而在此之前这些企业甚至不知道问题是什么。这可能会产生引出新产品的想法，或者帮助确定改善运营效率的方法。无论是互联网巨头如 Google、Facebook 和 LinkedIn，还是更多的传统企业，都会用一些明确的大数据用例。这些大数据用例如下。

1）推荐引擎

网络资源和在线零售商根据用户的个人资料和行为数据匹配和推荐用户、产品和服务。LinkedIn 使用此方法增强其"你可能认识的人"这一功能，而亚马逊利用该方法为网上消费者推荐相关产品。

2）情感分析

与先进的文本分析工具结合，分析社会化媒体和社交网络发布的非结构化的文本，包括 Twitter 和 Facebook，以确定用户对特定公司、品牌或产品的情绪。情感分析可以专注于宏观层面的情绪，也可以细分到个人用户的情绪。

3）风险建模

财务公司、银行等公司使用下一代数据仓库分析大量交易数据，以确定金融资产的风险，模拟市场行为为潜在的假设方案做准备，并根据风险为潜在客户打分。

4）欺诈检测

金融公司、零售商等使用大数据技术将客户行为与历史交易数据结合来检测欺诈行为。例如，信用卡公司使用大数据技术识别可能的被盗卡的交易行为。

5）营销活动分析

各行业的营销部门长期使用技术手段监测和确定营销活动的有效性。大数据让营销团队拥有更大量的越来越精细的数据，如点击流数据和呼叫详情记录数据，以提高分析的准确性。

6）客户流失分析

企业使用大数据技术分析客户行为数据并确定分析模型，该模型指出哪些客户最有可能流向存在竞争关系的供应商或服务商。企业就能采取最有效的措施挽留欲流失客户。

7）社交图谱分析

与下一代数据仓库相结合，通过挖掘社交网络数据，可以确定社交网络中哪些客户对其他客户产生最大的影响力。这有助于企业确定其最重要的客户,不是那些购买最多产品或花掉最多钱的客户,而是那些最能够影响他人购买行为的客户。

8) 用户体验分析

面向消费者的企业使用大数据技术将之前单一客户互动渠道(如呼叫中心、网上聊天和微博等)数据整合在一起,以获得对客户体验的完整视图。这使企业能够了解客户交互渠道之间的相互影响,从而优化整个客户生命周期的用户体验。

9) 网络监控

大数据技术被用来获取、分析和显示来自服务器、存储设备和其他 IT 硬件的数据,使管理员能够监视网络活动,诊断瓶颈等问题。这种类型的分析,也可应用到交通网络,以提高燃料效率,当然也可以应用到其他网络。

10) 研究与发展

有些企业(如制药商)进行大量文本及历史数据的研究,以协助新产品的开发。

当然,上述这些都只是大数据用例的举例。事实上,在所有企业中大数据最引人注目的用例可能尚未被发现。这就是大数据的希望。

6.2　数据挖掘技术

数据挖掘(Data Mining,DM)又称为数据库中的知识发现(Knowledge Discover in Database,KDD),是目前人工智能和数据库领域研究的热点问题。数据挖掘是指从数据库的大量数据中揭示出隐含的、先前未知的并有潜在价值的信息的过程。数据挖掘是一种决策支持过程,它主要基于人工智能、机器学习、模式识别、统计学、数据库和可视化技术等,高度自动化地分析企业的数据,做出归纳性的推理,从中挖掘出潜在的模式,帮助决策者调整市场策略,减少风险,做出正确的决策。

6.2.1　数据挖掘的定义

1. 技术上的定义及含义

数据挖掘就是从大量的、不完全的、有噪声的、模糊的、随机的实际应用数据中,提取隐含在其中的、人们事先不知道的但又是潜在有用的信息和知识的过程。这个定义包括几层含义:数据源必须是真实的、大量的、含噪声的;发现的是用户感兴趣的知识;发现的知识要可接受、可理解、可运用;并不要求发现放之四海皆准的知识,仅支持特定的发现问题。

从广义上理解,数据、信息也是知识的表现形式,但是人们更把概念、规则、模式、规律和约束等看作知识。人们把数据看作是形成知识的源泉,好像从矿石中采矿或淘金一样。原始数据可以是结构化的,如关系数据库中的数据;也可以是半结构化的,如文本、图形和图像数据;甚至是分布在网络上的异构型数据。发现知识的方法可以是数学的,也可以是非数学的;可以是演绎的,也可以是归纳的。发现的知识可以被用于信息管理、查询优化、决策支持和过程控制等,还可以用于数据自身的维护。

因此,数据挖掘是一门交叉学科,它把人们对数据的应用从低层次的简单查询,提升到从数据中挖掘知识,提供决策支持。在这种需求牵引下,汇聚了不同领域的研究者,尤其是数据库技术、人工智能技术、数理统计、可视化技术和并行计算等方面的学者及工程技术人员,投身到数据挖掘这一新兴的研究领域,形成新的技术热点。

2. 商业角度的定义

数据挖掘是一种新的商业信息处理技术,其主要特点是对商业数据库中的大量业务数据进行抽取、转换、分析和其他模型化处理,从中提取辅助商业决策的关键性数据。

简言之,数据挖掘其实是一类深层次的数据分析方法。数据分析本身已经有很多年的历史,只不过过去数据采集和分析的目的是用于科学研究,另外,由于当时计算能力的限制,对大数据量进行分析的复杂数据分析方法受到很大限制。

现在,由于各行业业务自动化的实现,商业领域产生了大量的业务数据,这些数据不再是为了分析的目的而收集,而是由于纯机会的商业运作而产生。分析这些数据也不再是单纯为了研究的需要,更主要是为商业决策提供真正有价值的信息,进而获得利润。

所有企业面临的一个共同问题:企业数据量非常大,而其中真正有价值的信息却很少,因此从大量的数据中经过深层分析,获得有利于商业运作、提高竞争力的信息,就像从矿石中淘金一样,数据挖掘也因此而得名。

因此,数据挖掘可以描述为:按企业既定业务目标,对大量的企业数据进行探索和分析,揭示隐藏的、未知的或验证已知的规律性,并进一步将其模型化的先进有效的方法。基于数据仓库的数据挖掘如图 6.5 所示。

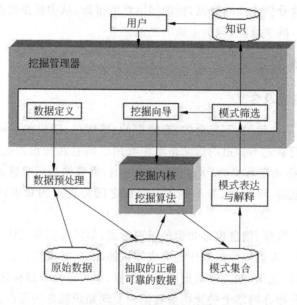

图 6.5 基于数据仓库的数据挖掘

6.2.2　利用数据挖掘进行数据分析的常用方法

利用数据挖掘进行数据分析常用的方法主要有分类、回归分析、聚类、关联规则、特征、变化和偏差分析、Web 页挖掘等，它们分别从不同的角度对数据进行挖掘。

1. 分类

分类是找出数据库中一组数据对象的共同特点并按照分类模式将其划分为不同的类，其目的是通过分类模型，将数据库中的数据项映射到某个给定的类别。它可以应用到客户的分类、客户的属性和特征分析、客户满意度分析和客户的购买趋势预测等，如一个汽车零售商将客户按照对汽车的喜好划分成不同的类，这样营销人员就可以将新型汽车的广告手册直接邮寄到有这种喜好的客户手中，从而大大增加商业机会。

2. 回归分析

回归分析方法反映的是事务数据库中属性值在时间上的特征，产生一个将数据项映射到一个实值预测变量的函数，发现变量或属性间的依赖关系，其主要研究问题包括数据序列的趋势特征、数据序列的预测以及数据间的相关关系等。它可以应用到市场营销的各个方面，如客户寻求、保持和预防客户流失活动、产品生命周期分析、销售趋势预测及有针对性的促销活动等。

3. 聚类

聚类分析是把一组数据按照相似性和差异性分为几个类别，其目的是使得属于同一类别的数据间的相似性尽可能大，不同类别中的数据间的相似性尽可能小。它可以应用到客户群体的分类、客户背景分析、客户购买趋势预测和市场的细分等。

4. 关联规则

关联规则是描述数据库中数据项之间所存在的关系的规则，根据一个事务中某些项的出现可导出另一些项在同一事务中也出现，即隐藏在数据间的关联或相互关系。在客户关系管理中，通过对企业的客户数据库里的大量数据进行挖掘，可以从大量的记录中发现有趣的关联关系，找出影响市场营销效果的关键因素，为产品定位、定价与定制客户群，客户寻求、细分与保持，市场营销与推销，营销风险评估和诈骗预测等决策支持提供参考依据。

5. 特征

特征分析是从数据库中的一组数据中提取出关于这些数据的特征式，这些特征式表达了该数据集的总体特征。例如营销人员通过对客户流失因素的特征提取，可以得到导致客户流失的一系列原因和主要特征，利用这些特征可以有效地预防客户的流失。

6. 变化和偏差分析

偏差包括很大一类潜在有趣的知识，如分类中的反常实例，模式的例外，观察结果对期望的偏差等,其目的是寻找观察结果与参照量之间有意义的差别。在企业危机管理及其预警中,管理者更感兴趣的是那些意外规则。意外规则的挖掘可以应用到各种异常信息的发现、分析、识别、评价和预警等方面。

7. Web 页挖掘

随着 Internet 的迅速发展及 Web 的全球普及,使得 Web 上的信息量无比丰富,通过对 Web 的挖掘,可以利用 Web 的海量数据进行分析,收集政治、经济、政策、科技、金融、各种市场、竞争对手、供求信息和客户等有关的信息,集中精力分析和处理那些对企业有重大或潜在重大影响的外部环境信息和内部经营信息,并根据分析结果找出企业管理过程中出现的各种问题和可能引起危机的先兆,对这些信息进行分析和处理,以便识别、分析、评价和管理危机。

6.2.3 数据挖掘的功能

数据挖掘通过预测未来趋势及行为,做出前摄的、基于知识的决策。数据挖掘的目标是从数据库中发现隐含的、有意义的知识,主要有以下 5 类功能。

1. 自动预测趋势和行为

数据挖掘自动在大型数据库中寻找预测性信息,以往需要进行大量手工分析的问题如今可以迅速直接由数据本身得出结论。一个典型的例子是市场预测问题,数据挖掘使用过去有关促销的数据来寻找未来投资中回报最大的用户,其他可预测的问题包括预报破产以及认定对指定事件最可能做出反应的群体。

2. 关联分析

数据关联是数据库中存在的一类重要的可被发现的知识。若两个或多个变量的取值之间存在某种规律性,就称为关联。关联可分为简单关联、时序关联和因果关联。关联分析的目的是找出数据库中隐藏的关联网。有时并不知道数据库中数据的关联函数,即使知道也是不确定的,因此关联分析生成的规则带有可信度。

3. 聚类

数据库中的记录可被化分为一系列有意义的子集,即聚类。聚类增强了人们对客观现实的认识,是概念描述和偏差分析的先决条件。聚类技术主要包括传统的模式识别方法和数学分类学。聚类技术其要点是,在划分对象时不仅考虑对象之间的距离,还要求划分出的类具有某种内涵描述,从而避免了传统技术的某些片面性。

4. 概念描述

概念描述就是对某类对象的内涵进行描述,并概括这类对象的有关特征。概念描述分为特征性描述和区别性描述,前者描述某类对象的共同特征,后者描述非同类对象之间的区别。生成一个类的特征性描述只涉及该类对象中所有对象的共性。生成区别性描述的方法很多,如决策树方法和遗传算法等。

5. 偏差检测

数据库中的数据常有一些异常记录,从数据库中检测这些偏差很有意义。偏差包括很多潜在的知识,如分类中的反常实例、不满足规则的特例、观测结果与模型预测值的偏差、量值随时间的变化等。偏差检测的基本方法:寻找观测结果与参照值之间有意义的差别。

6.2.4 数据挖掘的流程

1. 数据挖掘环境

数据挖掘是指一个完整的过程,该过程从大型数据库中挖掘先前未知的、有效的、可实用的信息,并使用这些信息做出决策或丰富知识。

2. 数据挖掘过程

典型数据挖掘系统的过程如图 6.6 所示。

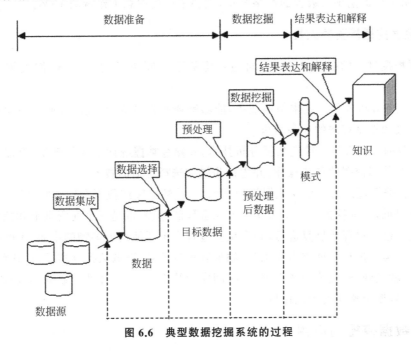

图 6.6 典型数据挖掘系统的过程

数据挖掘过程中各步骤的大体内容如下。

(1)确定业务对象。清晰地定义出业务问题,认清数据挖掘的目的是数据挖掘的重要一步。挖掘的最后结构是不可预测的,但要探索的问题应是有预见的,为了数据挖掘而数据挖掘则带有盲目性,是不会成功的。

(2)数据准备。首先进行数据的选择,搜索所有与业务对象有关的内部和外部数据信息,并从中选择出适用于数据挖掘应用的数据。其次进行数据的预处理,研究数据的质量,为进一步的分析做准备,并确定将要进行的挖掘操作的类型。最后进行数据的转换,将数据转换成一个分析模型。这个分析模型是针对挖掘算法建立的,而建立一个真正适合挖掘算法的分析模型是数据挖掘成功的关键。

(3) 数据挖掘。对所得到的经过转换的数据进行挖掘。除了完善和选择合适的挖掘算法外,其余一切工作都能自动地完成。

(4) 结果表达和解释。解释并评估结果。其使用的分析方法一般应根据数据挖掘操作而定,通常会用到可视化技术。

(5) 知识的同化。将分析所得到的知识集成到业务信息系统的组织结构中。

3. 数据挖掘过程工作量

在数据挖掘中被研究的业务对象是整个过程的基础,它驱动了整个数据挖掘过程,也是检验最后结果和指引分析人员完成数据挖掘的依据和顾问。各步骤是按一定顺序完成的,当然整个过程中还会存在步骤间的反馈。数据挖掘的过程并不是自动的,绝大多数工作需要人工完成。至于各步骤在整个过程中的工作量的比例,60%的时间用在数据准备上,这说明了数据挖掘对数据的严格要求,挖掘工作仅占总工作量的10%。

4. 数据挖掘需要的人员

数据挖掘过程的分步实现,不同的步骤需要不同专长的人员,他们大体可以分为3类。

(1) 业务分析人员。要求精通业务,能够解释业务对象,并根据各业务对象确定出用于数据定义和挖掘算法的业务需求。

(2) 数据分析人员。精通数据分析技术,并熟练掌握统计学相关知识,有能力把业务需求转化为数据挖掘的各步操作,并为每步操作选择合适的技术。

(3) 数据管理人员。精通数据管理技术,并从数据库或数据仓库中收集数据。

综上可见,数据挖掘是一个多学科专家合作的过程,也是一个在资金上和技术上高投入的过程。这一过程要反复进行,并在反复过程中不断地趋近事物的本质,不断地优化问题的解决方案。进行数据重组和细分、添加和拆分记录、选取数据样本、可视化数据、探索聚类、分析神经网络、决策树数理统计、时间序列结论、综合解释评价数据、知识数据取样、数据探索、数据调整和模型化评价。

6.2.5 数据挖掘的应用

1. 数据挖掘解决的典型商业问题

需要强调的是,数据挖掘技术从一开始就是面向应用的。目前,在很多领域,数据挖掘都是一个很时髦的词,尤其是在如银行、电信、保险、交通和零售(如超级市场)等商业领域。数据挖掘所能解决的典型商业问题包括数据库营销、客户群体划分、背景分析和交叉销售等市场分析行为,以及客户流失性分析、客户信用记分、欺诈发现和故障诊断等。

2. 数据挖掘在市场营销中的应用

数据挖掘技术在市场营销中得到了比较普遍的应用,它是以市场营销学的市场细分原理为基础,其基本假定是"消费者过去的行为是其今后消费倾向的最好说明"。

通过收集、加工和处理涉及消费者消费行为的大量信息,确定特定消费群体或个体的兴趣、消费习惯、消费倾向和消费需求,进而推断出相应消费群体或个体下一步的消费行为,然后以此为基础,对所识别出来的消费群体进行特定内容的定向营销,这与传统的不区分消费者对象特征的大规模营销手段相比,大大节省了营销成本,提高了营销效果,从而为企业带来更多利润。

3. 案例——信用卡消费的数据挖掘

商业消费信息来自市场中的各种渠道。例如,每当用信用卡消费时,商业企业就可以在信用卡结算过程中收集商业消费信息,记录下人们进行消费的时间、地点、感兴趣的商品或服务、愿意接收的价格水平和支付能力等数据;当人们在申办信用卡、办理汽车驾驶执照、填写商品保修单等其他需要填写表格的场合时,个人信息就存入了相应的业务数据库;企业除了自行收集相关业务信息之外,甚至可以从其他公司或机构购买此类信息为自己所用。

这些来自各种渠道的数据信息被组合,应用超级计算机、并行处理、神经元网络、模型化算法和其他信息处理技术手段进行处理,从中得到商家用于向特定消费群体或个体进行定向营销的决策信息。这种数据信息是如何应用的呢?

举一个简单的例子,当银行通过对业务数据进行挖掘后,发现一个银行账户持有者突然要求申请双人联合账户时,并且确认该消费者是第一次申请联合账户,银行会推断该用户可能要结婚了,银行就会向该用户定向推销用于购买房屋、支付子女学费等长期投资业务。数据挖掘可构筑企业竞争优势。

6.3 商业智能与数据分析

6.3.1 商业智能技术辅助决策的发展

商业智能通常被理解为将企业中现有的数据转化为知识,帮助企业做出明智的业务经营决策的工具。这里所谈的数据包括来自企业业务系统的订单、库存、交易账目、客户和供应商等来自企业所处行业和竞争对手的数据以及来自企业所处的其他外部环境中的各种数据。商业智能能够辅助的业务经营决策,既可以是操作层的,也可以是战术层和战略层的决策。

为了将数据转化为知识,需要利用数据仓库(Data Warehouse,DW)、联机事务处理(On Line Transaction Processing,OLTP)和数据挖掘等技术。因此,从技术层面上讲,商业智能不是新技术,它只是数据仓库、联机分析处理和数据挖掘等技术的综合运用。

可以认为,商业智能是对商业信息的搜集、管理和分析过程,目的是使企业的各级决策者获得知识或洞察力,促使他们做出对企业更有利的决策。商业智能一般由数据仓库、联机分析处理、数据挖掘、数据备份和恢复等部分组成。商业智能的实现涉及软件、硬件、咨询服务及应用,其基本体系结构包括数据仓库、联机分析处理和数据挖掘3部分。

6.3.2 商业智能系统架构

从系统的观点来看,商业智能的过程是这样的:从不同的数据源收集的数据中提取有用的数据,对数据进行清理以保证数据的正确性,将数据经转换、重构后存入数据仓库(这时数据变为信息),然后寻找合适的查询和分析工具、数据挖掘工具、OLAP工具对信息进行处理(这时信息变为辅助决策的知识),最后将知识呈现于用户面前,转变为决策。商业智能系统架构如图6.7所示。

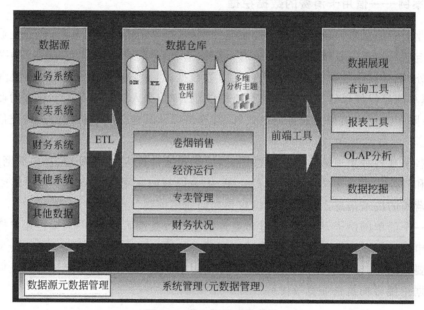

图 6.7　商业智能系统架构

可以看出,商业智能最大限度地利用了企业资源计划(ERP)中的数据,将数据整理为信息,再升华为知识,所以对用户提供了最大程度的支持。

6.3.3 商业智能的技术体系

商业智能的技术体系主要由数据仓库、在线分析处理以及数据挖掘3部分组成。商业智能中所包含的数据分析技术主要可分为以下3个阶段。

1. 数据仓库

为了有效地进行营销管理,企业往往需要将各地的数据汇总到总部,并建立一个庞大的数据仓库。这种数据仓库不但能够保存历史数据、阶段性数据,并从时间上进行分析,而且能够加载外部数据,接受大量的外部查询。

建立数据仓库的过程一般包括清洗、抽取数据操作,统一数据格式,设定自动程序以定时抽取操作数据并自动更新数据仓库,预先执行合计计算等步骤。

快速、简单、易用的查询和报告工具能够帮助管理者充分利用企业中不同层次的数据,获取所需要的特定信息,并以合理的格式加以显示。同时,优秀的工具支持多种网络环境,允许用户在客户机/服务器网络、内部网络或 Internet 上传输分析结果。它们还应该有足够的灵活性,以支持各种类型的查询和报告需求,从简单的订阅、周期性的报告,到使用 SQL 和其他查询语言进行随机查询。

2. 在线分析处理

在线分析处理是一种高度交互式的过程,信息分析专家可以即时进行反复分析,迅速获得所需结果。在线分析处理同时也是对存储在多维数据库(MDD)或关系数据库(RDBMS)中的数据进行分析、处理的过程。这种分析可以是多维在线分析处理、关系在线分析处理,也可以是混合在线分析处理。

这一过程一般包括 3 种可供选择的方案。

(1) 预先计算:小结数据在使用前进行计算并存储。

(2) 即时计算和存储:小结数据在查询时计算,然后存储结果。因为消除了相应的运行计算,使随后的查询运行变得更快。

(3) 随时计算:用户在需要时对小结数据进行计算。

3. 数据挖掘

数据挖掘是从浩瀚如海的数据和文档中发现以前未知的、可以理解的信息过程。由于数据挖掘的价值在于扫描数据仓库或建立非常复杂的查询,数据和文本挖掘工具必须提供很高的吞吐量,并拥有并行处理功能,而且可以支持多种采集技术。数据挖掘工具应该拥有良好的扩展功能,并且能够支持将来可能遇到的各种数据(或文档)和计算环境。

商业智能是帮助客户将数据转化为利润的手段。实质上,商业智能就是帮助企业充分利用已有数据,将其分析整理为可用信息,并以此作为企业决策的依据。

与前面统计和分析过程不同的是,数据挖掘一般没有什么预先设定好的主题,主要是在现有数据上面进行基于各种算法的计算,从而起到预测的效果,进而实现一些高级别数据分析的需求。该过程的特点和挑战主要是用于挖掘的算法很复杂,并且计算涉及的数据量和计算量都很大,常用数据挖掘算法都以单线程为主,如图 6.8 所示。

图 6.8　常用数据挖掘算法都以单线程为主

目前,多数企业在部署系统时多针对自身当前的业务需求,着眼于静态的处理,无法有效地预测即将产生的情况。在这种条件下,企业难免处于被动的边缘,在市场的波澜面前仓促做出应对之策,其效果自然就可想而知了。企业若想改变一直面临的被动局面,必须利用智能的解决方案,高效地收集、整理并分析相关数据,为企业的正确决策提供前瞻性支持。

6.3.4　商务智能＝数据＋分析＋决策＋利益

人类社会从物物交换到货币的产生,到形形色色的交易,产生了人们现在繁荣、复杂的各种商业活动。利益是商务的核心,而商务需要经过买卖双方的交易、谈判,而商品的流通又需要物流、库存,其中业务流程十分烦琐,然而科技进步改善或者正在改变着其形式,人们的工作效率正在极大提高。

在这个信息化时代,许多传统业务被信息化手段所取代或者信息化作为其辅助手段。于是,在这个时代,所有的人都在谈数据,并且相关的商务数据呈爆炸性指数级增长。但是,不是所有的数据都是有用的,所以人们需要从中挖掘有用的信息,用于指导现实工作。

商务智能通常被理解为将企业中现有的数据转化为知识,帮助企业做出明智的业务经营决策的工具。例如,百货商场每天有各种各样的商品被出售,其 POS 系统存储着商品的销售情况,数据量十分庞大。对这些数据,利用一定的数学模型和智能软件工具进行分析,知道哪些产品最热销,哪些时段人们喜欢购买什么。

接着,运用分析后的结果进行决策,例如分析后得知下雨天时啤酒和炸鸡的销量比其他天气时段更多,于是人们决定在下雨的日子增大啤酒和炸鸡的产量。通过这些分析和决策,增加了商业利润,这种利润是人们利用现代工具进行商务智能的动力。这个过程可以总结为以下一个等式:

商务智能＝数据＋分析＋决策＋利益

商业智能的关键是从许多来自不同的企业运作系统的数据中提取出有用的数据并进行清理,以保证数据的正确性,然后经过抽取、转换和加载,合并到一个企业级的数据仓库里,从而得到企业数据的一个全局视图,在此基础上利用合适的查询和分析工具、数据挖掘工具、OLAP 工具等对其进行分析和处理(这时信息变为辅助决策的知识),最后将知识呈现给管理者,为管理者的决策过程提供支持。

商务智能＝数据＋分析＋决策＋利益,等式包含了利益,是因为利益作为一种动力,促进了商务智能的发展。要以最小的投入挣得最大的利益,所以要改变。人类生活的改变来源于人类对美好生活的追求,想把人类从繁忙的体力劳动中解放出来。计算机这一科技产物,与商务联系起来,必定创造极大的价值。

6.4　大数据营销业务模型

6.4.1　大数据对业务模式的影响

大数据及其发挥的作用将影响每一家公司——从财富 500 强企业到夫妻店,并从内到外地改变人们开展业务的方式。

公司在哪个领域运营,或者公司是什么规模,这都不要紧,因为数据采集、分析和解读变得更加轻松便捷,将从 4 个方面影响每家公司。

1. 对所有公司来说，数据都将成为一项资产

如今，就连最小的公司也都在产生数据。如果公司有网站、有社交媒体账户、接受信用卡付款等，甚至哪怕它是一家只有一人经营的小店，都能从其客户、客户体验、网站流量等方面收集数据。这意味着各种规模的公司都需要一个针对大数据的战略，并对如何收集、使用和保护数据制订计划。这也意味着精明的企业将开始向各公司提供数据服务，哪怕对方是一家非常小的公司。

这里我们尽可能把它讲得通俗易懂些：如果你拥有或经营一家企业，并且你想知道如何对企业做出改进，那么需要借助数据，你的数据就是一项资产，它可用于改进你的企业。

2. 大数据能让公司收集更高质量的市场和客户情报

不管你喜不喜欢，与你开展业务的公司了解你的很多情况——它们所掌握的有关你的信息的数量和类别每年都在扩大。每家公司（从监控我们开车情况的汽车制造商到了解我们刷卡频率和消费水平的银行）都将对客户想要什么、使用什么、通常从哪个渠道购买等拥有更加深入的了解。

等式的另一边，是公司需要对制订和执行隐私政策采取积极主动的态度，所有的系统和安全防护措施都要到位，以保护这些用户数据。从免费升级的微软 Windows 10 身上可以看到，大多数人会允许公司收集这些数据，但他们希望公司对收集了什么数据以及为什么收集保持透明，同时希望可以选择不参与数据采集流程。

3. 大数据具备提高工作效率并改进运营的潜力

从使用传感器到追踪机器性能、优化送货路线、更好地追踪员工绩效甚至招募顶级人才，大数据具备能够提高几乎任何类型的企业及众多不同部门内部工作效率并改进运营的潜力。

公司可以使用传感器追踪货运和机器的运行情况，也可以追踪员工绩效。各公司已开始使用传感器追踪员工的移动、压力水平、健康状况甚至他们与谁交谈以及使用的语调等。

此外，如果数据能够成功量化一名优秀的总经理所应具备的特质，它就能用来改进任何一个层级的人力资源和招聘流程。数据正从 IT 部门脱离，成为一家公司中所有部门不可分割的一部分。

4. 数据可让公司改进客户体验并将大数据植入其提供的产品中

在所有可能的领域，公司都将使用它们收集的数据改进产品和客户体验。它不仅使用数据让自己的客户受益，还把数据作为一个新的产品提供给客户。

现代大型拖拉机公司所有新生产的拖拉机都配备了传感器，能够帮助该公司了解设备是如何使用的，同时预测并诊断故障。但公司安装传感器也是为了帮助农场主，为他们提供何时种植作物、在哪里种植、最佳的耕作和收割模式等方面的数据。对于一家大型拖

拉机公司来说,这已成为一个全新的收入来源。

随着人们生活中联网的事物越来越多——从智能恒温器到苹果手机和健身追踪器,公司会有越来越多的数据、分析报告和信息回售给顾客。

6.4.2 大数据营销的定义与特点

大数据营销是基于多平台的大量数据,依托大数据技术的基础上,应用于互联网广告行业的营销方式。大数据营销衍生于互联网行业,又作用于互联网行业。依托多平台的大数据采集,以及大数据技术的分析与预测能力,能够使广告更加精准有效,给相关品牌企业带来更高的投资回报率。

1. 大数据营销的定义

大数据营销是指通过互联网采集大量的行为数据,首先帮助广告主找出目标受众,以此对广告投放的内容、时间、形式等进行预判与调配,并最终完成广告投放的营销过程。

随着数字生活空间的普及,全球的信息总量正呈现爆炸式增长。基于这个趋势之上的是大数据、云计算等新概念和新范式的广泛兴起,它们无疑正引领了新一轮的互联网风潮。

2. 大数据营销的特点

1) 多平台化数据采集

大数据的数据来源通常是多样化的,多平台化的数据采集能使对网民行为的刻画更加全面而准确。多平台采集可包含互联网、移动互联网、广电网和智能电视,未来还有户外智能屏等数据。

2) 强调时效性

在网络时代,网民的消费行为和购买方式极易在短时间内发生变化。在网民需求点的最高时段及时进行营销非常重要。大数据营销企业可以通过技术手段充分了解网民的需求,并及时响应每一个网民当前的需求,使得网民在决定购买的"黄金时间"内及时接收到商品广告。

3) 个性化营销

在网络时代,广告主的营销理念已从"媒体导向"向"受众导向"转变。以往的营销活动须以媒体为导向,选择知名度高、浏览量大的媒体进行投放。如今,广告主完全以受众为导向进行广告营销,因为大数据技术可让他们知晓目标受众身处何方,关注着什么位置的什么屏幕。大数据技术可以做到当不同用户关注同一媒体的相同界面时,广告内容有所不同,大数据营销实现了对网民的个性化营销。

4) 性价比高

与传统广告"一半的广告费被浪费掉"相比,大数据营销在最大程度上,让广告主的投放做到有的放矢,并可根据实时性的效果反馈,及时对投放策略进行调整。

5) 关联性

大数据营销的一个重要特点在于网民关注的广告与广告之间的关联性,由于大数据在采集过程中可快速得知目标受众关注的内容,以及可知晓网民身在何处,这些有价信息可让广告的投放过程产生前所未有的关联性,即网民所看到的上一条广告可与下一条广告进行深度互动。

3. 大数据营销的实现过程

大数据营销并非是一个停留在概念上的名词,而是一个通过大量运算基础上的技术实现过程。事实上,国内很多以技术为驱动力的企业也在大数据领域深耕不辍。

全球领先的大数据营销平台 AdTime 率先推出了大数据广告运营平台——云图。云图的含义是将云计算可视化,让大数据营销的过程不再神秘。该系统具备海量数据、实时计算、跨网络平台汇聚、多用户行为分析、多行业报告分析等特点。

大数据营销是基于大数据分析的基础上,描绘、预测、分析和指引消费者行为,从而帮助企业制定有针对性的商业策略。

大数据营销中所依赖的数据,往往是基于 Hadoop 架构分类的静态人群属性和兴趣爱好常量,这导致了大数据营销在本质上很难控制和捕获用户的需求。

4. 契机

(1)用户行为与特征分析。只有积累足够的用户数据,才能分析出用户的喜好与购买习惯,甚至做到"比用户更了解用户自己"。这一点,才是许多大数据营销的前提与出发点。

(2)精准营销信息推送支撑。精准营销总在被提及,但是真正做到的少之又少,反而是垃圾信息泛滥。究其原因,主要就是过去名义上的精准营销并不怎么精准,因为其缺少用户特征数据支撑及详细准确的分析。

(3)引导产品及营销活动应该考虑用户爱好。如果能在产品生产之前了解潜在用户的主要特征,以及他们对产品的期待,那么你的产品生产即可投其所好。

(4)竞争对手监测与品牌传播。竞争对手在干什么是许多企业想了解的,即使对方不会告诉你,但你却可以通过大数据监测分析得知。品牌传播的有效性亦可通过大数据分析找准方向。例如,可以进行传播趋势分析、内容特征分析、互动用户分析、正负情绪分类、口碑分类和产品属性分布等,可以通过监测掌握竞争对手传播态势,并可以参考行业标杆用户策划,根据用户声音策划内容,甚至可以评估微博矩阵的运营效果。

(5)品牌危机监测及管理支持。新媒体时代,品牌危机使许多企业谈虎色变,然而大数据可以让企业提前有所洞悉。在危机爆发过程中,最需要的是跟踪危机传播趋势,识别重要参与人员,方便快速应对。大数据可以采集负面定义内容,及时启动危机跟踪和报警,按照人群社会属性分析,聚类事件过程中的观点,识别关键人物及传播路径,进而可以保护企业、产品的声誉,抓住源头和关键节点,快速有效地处理危机。

(6)企业重点客户筛选。许多企业家纠结的事:在企业的用户、好友与粉丝中,哪些是最有价值的用户?有了大数据,或许这一切都可以更加有事实支撑。从用户访问的各种网站可判断其最近关心的东西是否与你的企业相关;从用户在社会化媒体上所发布的各类内容及与他人互动的内容中,可以找出千丝万缕的信息,利用某种规则关联并综合起来,就可以帮助企业筛选重点的目标用户。

(7) 大数据用于改善用户体验。要改善用户体验,关键在于真正了解用户及他们所使用的你的产品的状况,做最适时的提醒。例如,在大数据时代或许你正驾驶的汽车可提前救你一命。只要通过遍布全车的传感器收集车辆运行信息,在你的汽车关键部件发生问题之前,就会提前向你或 4S 店预警,这不但节省钱,而且对保护生命大有裨益。事实上,美国的 UPS 快递公司早在 2000 年就利用这种基于大数据的预测性分析系统来检测全美 60 000 辆车辆的实时车况,以便及时地进行防御性修理。

(8) 社会关系管理(Social Customer Relationship Management,SCRM)中的客户分级管理支持。面对日新月异的新媒体,许多企业通过对粉丝的公开内容和互动记录分析,将粉丝转化为潜在用户,激活社会化资产价值,并对潜在用户进行多个维度的画像。大数据可以分析活跃粉丝的互动内容,设定消费者画像各种规则,关联潜在用户与会员数据,关联潜在用户与客服数据,筛选目标群体做精准营销,进而可以使传统客户关系管理结合社会化数据,丰富用户不同维度的标签,并可动态更新消费者生命周期数据,保持信息新鲜有效。

(9) 发现新市场与新趋势。基于大数据的分析与预测,为企业家提供洞察新市场与把握经济走向。

(10) 市场预测与决策分析支持。数据对市场预测及决策分析的支持,过去早就在数据分析与数据挖掘盛行的年代被提出过。沃尔玛著名的"啤酒与尿布"案例即是那时的杰作。只是由于大数据时代上述 Volume(规模大)及 Variety(类型多)对数据分析与数据挖掘提出了新要求。大数据必然会对市场预测及决策分析进一步上台阶提供更好的支撑。似是而非或错误的、过时的数据对决策者是灾难。

6.4.3 网络营销大数据实际操作

对很多企业来说,大数据的概念已不陌生,但如何在营销中应用大数据仍是说易行难。其实,作为大数据最先落地也最先体现出价值的应用领域,网络营销的数据化之路已有成熟的经验及操作模式。

1. 获取全网用户数据

首先需要明确的是,仅有企业数据,即使规模再大,也只是孤岛数据。在收集、打通企业内部的用户数据时,还要与互联网数据统合,才能准确掌握用户在站内站外的全方位的行为,使数据在营销中体现应有的价值。在数据采集阶段,建议在搜集自身各方面数据形成数据管理平台后,还要与第三方公用数据管理平台数据对接,获取更多的目标人群数据,形成基于全网的数据管理系统。数据融合获取用户数据如图 6.9 所示。

2. 让数据看得懂

采集来的原始数据难以读懂,因此,还需要进行集中化、结构化和标准化处理,让"天书"变成看得懂的信息。

这个过程中,需要建立、应用各类"库",如行业知识库(包括产品知识库、关键词库、域

图 6.9　数据融合获取用户数据

名知识库和内容知识库)、基于"数据格式化处理库"衍生出来的底层库(用户行为库和 URL 标签库)、中层库(用户标签库、流量统计和舆情评估)和用户共性库等。

　　通过多维的用户标签识别用户的基本属性特征、偏好、兴趣特征和商业价值特征。数据集中化、结构化和标准化处理如图 6.10 所示。

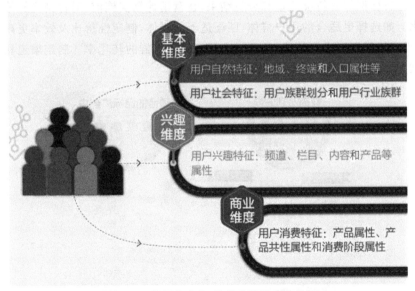

图 6.10　数据集中化、结构化和标准化处理

3. 分析用户特征及偏好

　　将第一方标签与第三方标签相结合,按不同的评估维度和模型算法,通过聚类方式将具有相同特征的用户划分成不同属性的用户族群,对用户的静态信息(性别、年龄、职业、学历、关联人群和生活习性等)、动态信息(资讯偏好、娱乐偏好、健康状况和商品偏好等)、实时信息（地理位置、相关事件、相关服务、相关消费和相关动作）分别描述，形成网站用户分群画像系统，如图 6.11 所示。

6.11　分析用户特征及偏好

4. 制定渠道和创意策略

根据对目标群体的特征测量和分析结果，在营销计划实施前，对营销投放策略进行评估和优化。如选择更适合的用户群体，匹配适当的媒体，制定性价比及效率更高的渠道组合，根据用户特征制定内容策略，从而提高目标用户人群的转化率。制定渠道和创意策略如图 6.12 所示。

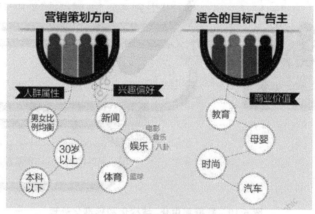

图 6.12　制定渠道和创意策略

5. 提升营销效率

在投放过程中，仍需不断回收、分析数据，并利用统计系统对不同渠道的类型、时段、地域和位置等价值进行分析，对用户转化率的贡献程度进行评估，在营销过程中进行实时策略调整。

分析数据提升营销效率如图 6.13 所示。

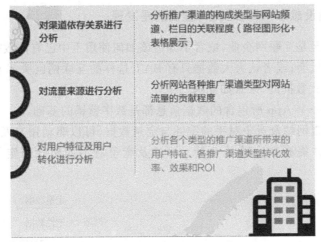

图 6.13　分析数据提升营销效率

6. 营销效果评估、管理

利用渠道管理和宣传制作工具,利用数据进行可视化的品牌宣传和事件传播,制作数据图形化工具,自动生成特定的市场宣传报告,对特定宣传目的报告进行管理。部分营销效果评估、管理如图 6.14 所示。

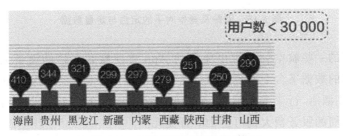

图 6.14　部分营销效果评估、管理

7. 创建精准投放系统

对于有意领先精准营销的企业来说,则可更进一步,整合内部数据资源,补充第三方站外数据资源,进而建立广告精准投放系统,对营销全程进行精细管理。

6.4.4　大数据营销方法

Google 每天要处理大约 24PB 的数据,Facebook 每天要处理 23TB 的数据,Twitter 每天要处理 7TB 的数据,百度每天大概新增 10TB 的数据。腾讯每天新增加 200～300TB 的数据,每天淘宝订单超过 1000 万,阿里巴巴已经积累的数据量超过 100PB。考虑一下,为什么越是行业垄断巨头就越拥有海量数据呢?

对任何拥有特有数据的公司,都应该考虑怎么让数据盈利。

1. 数据采集没想象中那么复杂,重要的是发现

很多企业甚至是互联网企业,或者不知道该如何使用手中已有的数据资源,白白浪费掉优化改进的好机会;或者认为大数据只有 BAT 这样的互联网巨头才有,一个小网站或 App 应用是没有大数据的,果真如此吗?

一个网站或一个 App 所包含的数据信息都是数字营销的基础。

通过分析来自网站及竞争对手的定性与定量数据,可以驱动用户及潜在用户在线体验的持续提升,并提高数字营销业绩。网站及竞争对手的定性与定量数据如图 6.15 所示。

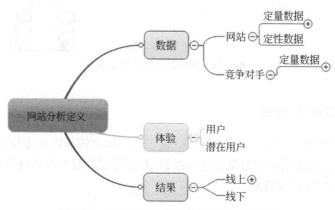

图 6.15　网站及竞争对手的定性与定量数据

例如,法国的一些航空公司推出免费的 App 方便旅客在移动设备上跟踪自己的行李,之后在追踪的数据平台上发现一部分商务旅行客户中途在某一城市进行短暂的商业会晤不需要入住酒店,行李成了累赘,于是航空公司推出专人看管全程可追踪的增值服务,此项服务每周的服务费大概可达 100 万美元。

正是基于对数据的洞察产出附加价值。对数据的掌控,就是对市场的支配,意味着丰厚的投资回报。

2. 数据是有情绪的

数据的形式多种多样,呈数量级爆发的 UGC 内容可以被人们拿来运用吗?一个新颖点的例子,例如从 5100 多点飞泻而下的中国股市,股民的埋怨和牢骚能以怎样的数据化形式展示?

"除了耐心等待,最好再找个地方让自己发泄一下,找些跟自己同病相怜的人,还能缓解下压力。弹幕,就是最好的形式了。"一旦有人建了一个网站,在 K 线图上配上弹幕供吐槽会是什么样子呢?

结果被同样郁闷的股民汇集出的数据随着 K 线走势变化拥有了实时鲜明的情绪特

征,可以在一定程度预估使用者下一步卖出或继续持有的动向,如图 6.16 所示。

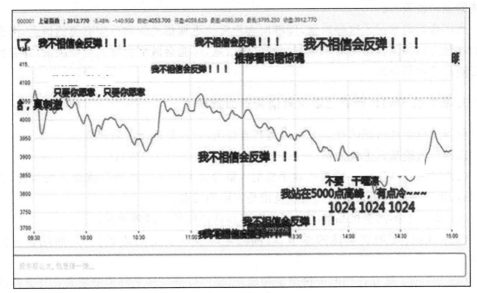

图 6.16　股民情绪特征预测

1) 股市数据

例如买股票,推荐者会继续购买并且推荐给其他人来加速某家公司股票(或实际产品)的成长,而贬损者则能破坏其名声,不仅仅停止购买,而且劝说周围朋友,在负面的口碑中阻止其成长,净推荐值则反映了类似多与空、褒与贬这两股力量较量的结果。

回到广告,这些来源于门户或垂直类网站,电商平台购物用户的打分与评论,社会化媒体如微博、论坛、微信、应用等的用户评论文本数据以及客服系统的语音数据和评价文本数据,可以统称为用户反馈数据,如图 6.17 所示。

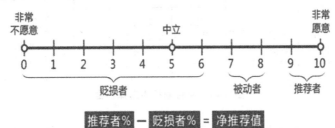

图 6.17　用户反馈数据

2) 用户调查表

对数据结构化处理后,可以进行数据挖掘,识别贬损者和推荐者,全面和快速地计算净推荐值,并了解贬损者的贬损原因。

若进一步关联整合用户行为数据,还可以了解贬损者的历史用户行为数据,有利于更好地洞察用户,优化用户体验和改进产品方向;同时还能定向给推荐者提供更多的优惠促销或附加增值服务。

当广告商们掌握了这些数据,能够向客户传输更加相关的和更加有趣的信息,潜在客户们甚至可以根据自己的需求定制一些广告信息,可能会做出更好的购物决策,并有助于广告商提升销售业绩。

3. 基本的 5W1H 问答也能玩转消费行为数据

科特勒模型从市场的特点来探讨消费者行为,更容易进行定量研究。

以推广营销某款手机为例,可以把要研究的数据综合为 5W1H。

(1) Who & Whom:购买这款手机的人群分类是什么?还要弄清谁是决策者,谁是使用者,谁对决定购买有重大影响以及谁是实际购买者。

(2) What:不同手机品牌的市场占有率和具体型号的销售情况。

(3) When:了解在具体的季节、时间甚至时点所发生的购买行为,如配合节假日促销。

(4) Where:研究适当的销售渠道和地点,还可以进一步了解消费者是在什么样的地理环境、气候条件和地点场合使用手机。

(5) How:了解消费者怎样购买、喜欢什么样的促销方式,例如是去线下体验店还是看测评视频等。

(6) Why:探索消费者行为动机和偏好,例如为什么喜欢特定款手机并拒绝别的品牌或型号。

不同特征的消费者会产生不同的心理活动的过程,通过其决策过程导致了一定的购买决定,最终形成了消费者对产品、品牌、经销商、购买时机和购买数量的选择。科特勒行为选择模型如图 6.18 所示。

图 6.18　科特勒行为选择模型

数字营销人员如果能比较清楚地了解各种购买者对不同形式的产品、服务、价格和促销方式的真实反应,就能够适当地影响、刺激或诱发购买者的购买行为。而且数据的应用可以贯穿营销价值链的广告、公关、官网、电商和 CRM 各个环节,覆盖用户能力会更加全面和强大。

4. 数据是拿来用的,不仅仅是拿来看

展开一项持续的广告营销活动当然更应该建立在有数据衡量的基础上,如图 6.19 所示。

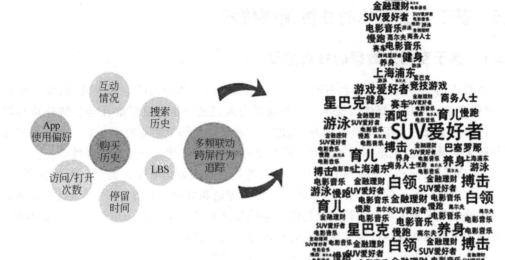

图 6.19 广告营销活动应该建立在有数据衡量的基础上

例如美国 Uber 打车软件的数据科学家建立了"基于地理位置的打车需求模型",每天实时更新的热点地图可以有效帮助车主缩短空载时间,同时帮乘客减少等待时长。例如在美国旧金山市,通过基于地理位置的打车需求模型,车主会知道提前去哪里等待可以载到更多的乘客,如图 6.20 所示。

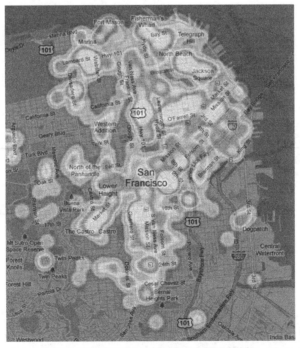

图 6.20 基于地理位置的打车需求模型

6.5 基于社会媒体的分析预测技术

6.5.1 基于空间大数据的社会感知

大数据时代产生了大量具有时空标记、能够描述个体行为的空间大数据,如手机数据、出租车数据和社交媒体数据等。这些数据为人们进一步定量理解社会经济环境提供了一种新的手段。近年来,计算机科学、地理学和复杂性科学领域的学者基于不同类型数据开展了大量研究,试图发现海量群体的时空行为模式,并建立合适的解释性模型。

"社会感知(Social Sensing)"就是借助于各类空间大数据研究人类时空行为特征,进而揭示社会经济现象的时空分布、联系及过程的理论和方法。值得一提的是,与强调基于多种传感设备采集微观个体行为数据的社会感知计算(Socially Aware Computing)相比,社会感知更加强调群体行为模式以及背后地理空间规律挖掘。

社会感知数据可从 3 个方面获取人的时空行为特征。

(1) 对地理环境的情感和认知,如基于社交媒体数据获取人们对于一个场所的感受。

(2) 在地理空间中的活动和移动,如基于出租车、签到等数据获取海量移动轨迹。

(3) 个体之间的社交关系,如基于手机数据获取用户之间的通话联系信息。由于空间大数据包含了海量人群的时空行为信息,使得人们可以基于群体的行为特征揭示空间要素的分布格局、空间单元之间的交互以及场所情感与语义。社会感知研究框架如图 6.21 所示。

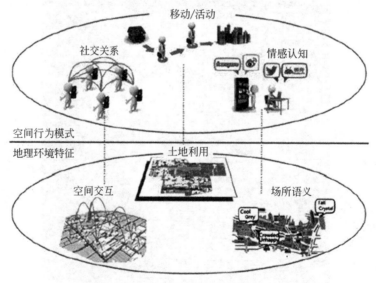

图 6.21　社会感知研究框架

空间大数据提供的社会感知手段,为地理学乃至相关人文社会科学研究开启了一种"由人及地"的研究范式。"社会感知"这一概念,正是概括描述了空间大数据在相关研究与应用中所提供的数据以及方法上的支撑能力。

1. 社会感知分析方法

根据社会感知的概念,对于空间大数据的研究可以分为"人"和"地"两个层面。前者主要关注人的空间行为模式,以及模式所受到的地理影响;后者则侧重于在群体行为模式的基础上,探讨地理环境的相关特征。

2. 个体行为模式分析法

空间大数据可以感知人的 3 个方面的空间行为模式。其中,移动是个体层次空间行为最直接的外在表现。由于大数据对于移动轨迹的获取能力较强,因此目前的研究多集中在移动模式和模型的建立上。

动物以及人在空间中移动所展示的规律性是复杂系统领域研究的一个重要议题。每个个体的移动模式可以表示为随机游走(Random Walk)模型。通过对动物的移动进行观察,发现其移动步长和角度的统计分布特征呈现一定的模式,提高了觅食的效率。当移动方向均匀分布,而步长为幂律分布,且指数在 1～3 时,移动为列维飞行模型,如图 6.22所示。

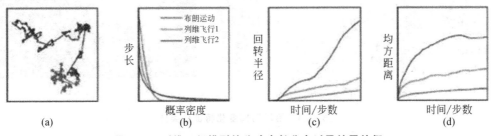

图 6.22　列维飞行模型的移动步长分布以及扩展特征

与动物相比,人的出行目的更加多样化,并且存在一个或者多个频繁重访地点,这使得人的移动模式与动物的移动模式存在机理上的差异。在海量个体移动轨迹数据的支持下,可以观察人的移动模式并构建相应的解释模型。许多学者利用手机、出租车、社交媒体签到等数据探讨了人的移动模式,并且试图建立解释性模型。

目前得到较多关注的是个体轨迹中的重访点,这是人类移动和动物移动存在较大差异的方面。人类移动存在家和工作地等频繁重访的地点,具有较高的可预测性。在地理环境分布特征方面,通常从城市范围内及城市间两个尺度分别探讨移动性模式。城市范围内的移动受到城市用地结构的影响。

对于一个城市而言,通常城市中心区土地开发强度较大,居民出行的密度相对较高,而在城市边缘地区,土地利用强度和出行密度都相对较低。这种地理环境分布模式使得城市尺度的移动步长分布尾部不那么"重"。对于城市间的移动,城市体系中不同规模的城市空间分布同样影响了观测到的移动模式。

3. 活动时间变化特征分类法

不同类型的大数据可以揭示一个区域或城市的活动以及人口分布状态。大数据的时间标记可以用于解释人口分布的动态变化特征。这种变化特征往往具有较强的周期性。对于城市研究而言,尤其以日周期变化最为明显。

城市居民在居住地点和工作地点之间的通勤行为产生了相关地理单元人口密度的时变特征(见图 6.23(a))。因此,可以基于城市不同区域对应的活动日变化曲线来研究其用地特征和在城市运行中所承载的功能。

此外,考虑城市居民工作日和周末的不同活动特征,在一些研究中,会将工作日数据和非工作日数据分开处理。由于空间大数据所提取的活动时空分布信息可以处理成与传统遥感数据相似的形式,因此除了非监督分类外,一些图像处理方法也可以应用于社会感知数据。图 6.23(b)展示了如何从人对于城市空间利用的视角去解读城市的结构特征,此图是利用签到数据和出租车数据生成的上海市活动分布假彩色合成图,其中红、绿、蓝3 个波段分别为下午 2～3 点的签到、出租车上下车的空间分布情况。

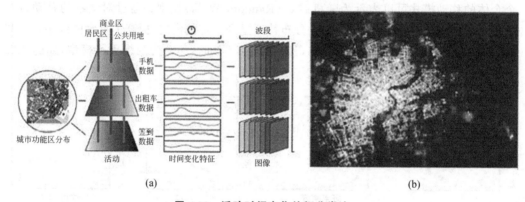

(a)　　　　　　　　　　　　　　　　(b)

图 6.23　活动时间变化特征分类法

4. 场所情感及语义分析法

社交媒体(Twitter、微博)中包含了大量文本数据,成为语义信息获取的重要来源。带有位置的社交媒体数据通常占 3%,研究者可以利用这部分数据揭示与地理位置有关的语义信息。目前的研究主要包括 3 个方向。

(1) 获取一个场所的主题词,例如利用新浪微博数据提取的在北京大学校园范围内发布的微博的主题词,如图 6.24(a)所示。

(2) 获取与场所有关的情感信息,如高兴还是抑郁。例如利用 Twitter 数据分析的美国纽约曼哈顿地区的幸福感程度,如图 6.24(b)所示。

(3) 获取对于特定事件(如灾害、事故和疾病)的响应。

与基于文本的语义信息提取相比,照片语义信息更为客观且丰富。每张照片反映了拍照者对于场所的感知。考虑文本和照片不同的表达能力,可以认为结合文本和照片语义信息,能够全面捕获一个地理场所给人们带来的体验。

空间大数据为人们提供了一条透过海量人群的空间行为模式去观察、理解地理环境特征及影响的研究路径。社会感知概念的提出正是概括了空间大数据的这种能力。空间大数据的处理,一方面需要有高效的分析方法,另一方面需要对人的行为动力学模型和地

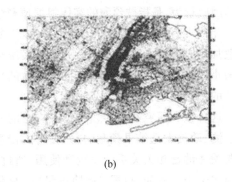

(a)　　　　　　　　　　　　　(b)

图 6.24　场所情感及语义分析

理环境特征有充分的理解。因此,需要信息科学、复杂性科学和地理学等不同学科以及不同应用领域的学者进行通力合作,才能有效提取空间大数据中所蕴含的信息,并充分体现其应用价值。

6.5.2　基于社会媒体的预测技术

社会媒体对预测的作用有两方面:一是社会信号的采集。例如,如果发现社会媒体上某一特定区域的人群都在发布信息说"我感冒了",那么,这一区域很有可能正在传播流行性疾病,且有爆发的趋势。二是大众预测的融合。例如,美国大选期间,Twitter 和 Facebook 在网上掀起预测热潮,很多网友在社会媒体上发布自己的预测结果,这种预测反映了社会媒体的群体智慧。

准确的预测结果对于人们在生活中的趋利避害、工作计划决策起着至关重要的作用。一个决策产生的结果与该决策本身有时间上的滞后关系,"利"与"害"总是存在于未来的时间与空间中,任何决策都不可避免地要依赖于预测。对未来趋势提前做出判断,有利于适时地调整计划以及采取措施实施调控。

人类的预测活动分为自然预测和社会预测,分别面向自然界和人类社会。两者又存在较大差异,主要表现在主客体关系、规律性质、复杂程度和不确定性几个方面,如表 6.1 所示。

表 6.1　自然预测与社会预测的区别

比较项及举例	自　然　预　测	社　会　预　测
主客体关系	自然的运行不因被预测而受干扰	互动反射关系(因应行为),复杂博弈关系
规律性质	承认规律,了解事实	承认规律,了解事实
复杂程度	小	大
不确定性	小	受力面多,不确定性大
举例	天气变化、地震等	电影票房、总统大选等

自然预测的客体是自然现象,自然现象对人类的预测毫无感知能力,其运行轨迹不会因为预测而受到任何干扰。而社会预测的客体本身也是人,人会对预测结果产生因应行为。

所谓因应行为,是指被预测的客体根据预测结果调整自己的行为,使得预测结果不准。

相对而言,社会要比自然的"受力面"多得多,因而不确定性也大得多,对其进行预测也愈加困难。社会作为一个由大量子系统组成的非线性动态系统,在特定情况下会对某些微小的变量极为敏感。基于社会媒体的预测是指研究人类广泛参与并与社会发展变化有关的预测问题。

这种预测研究在许多领域都有广泛的应用,例如金融市场的走势预测、产品的销售情况预测、政治大选结果预测、自然灾害的传播预测等。以往基于社会媒体的预测研究工作主要关注的是相关关系的发现和使用,通过找到一个现象的良好关联物来帮助了解现在和预测未来。例如,根据"微博声量"以及用户的情感分析可以预测股票的涨跌、电影票房的收入以及大选结果等。

我们需要站在一个全新的视角,介绍基于消费意图挖掘的预测以及基于事件抽取的预测,并通过挖掘影响预测客体未来走势的本质原因进一步提高预测精度,具体社会媒体大数据指标包含阅读量、点击量、转发量、评论量、点赞量和收藏数等。基于社会媒体的预测技术研究框架如图 6.25 所示。

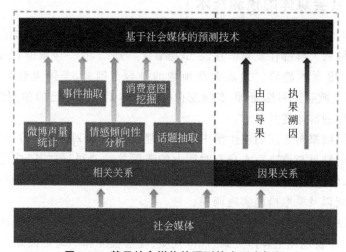

图 6.25　基于社会媒体的预测技术研究框架

在图 6.25 中,基于社会媒体的预测技术需要相关关系和因果关系的共同支撑,相关关系可以从微博声量统计、情感倾向性分析和话题抽取等方面考虑,也可以运用更复杂的自然语言处理技术,从事件的抽取和消费意图挖掘方面进行研究。

因果关系对预测的帮助包括由因导果和执果溯因两方面,前者是正向地利用因果关系进行预测,后者是在预测失效时逆向找出失效的原因。

6.5.3　基于消费意图挖掘的预测

1. 基于社会媒体的消费意图挖掘

消费意图是指消费者通过显式或隐式的方式来表达对于某一产品或服务的购买意愿。社会媒体用户多,发布的信息量大。在这些信息中,用户会表达各种各样的需求和兴

趣爱好。从大量的观测数据中,可发现相当比例的社会媒体文本直接包含了用户的某种消费意图,例如:

"体感游戏还不错,考虑入手。"

"好想看《匆匆那年》啊!"

"我儿子 1 岁了,医生说有点缺钙,需要给孩子吃点什么呢?"

"天气转冷,换衣的季节到了,今年流行什么款式和颜色?"

第 1 条表达了用户想买体感游戏机,第 2 条表达了用户想去看电影《匆匆那年》,第 3 条表达了用户想要买补钙产品,第 4 条表达了用户想买冬装。如果能够很好地挖掘出社会媒体用户对于某一产品的购买意愿,那么对于预测该产品的销量将有重要意义。

消费意图可分成"显式消费意图"和"隐式消费意图"两大类。显式消费意图是指在用户所发布的微博文本中,显式地指出想要购买的商品,如第 1 个例子和第 2 个例子。隐式消费意图是指用户不会在所发布的微博文本当中显式地指出想要购买的商品,需要阅读者通过对文本语义的理解和进一步推理才能够猜测到用户想要购买的商品,如第 3 个和第 4 个例子。

对于显式消费意图,很多学者通过模式匹配的方法识别。例如,在识别观影意图时,基于依存句法分析结果构建模板,识别对某部电影具有显式观影意图的微博,其准确率可以达到 80% 左右。隐式消费意图的识别则难得多,难点包括如下。

(1) 如何理解用户的语义文本,进而理解用户的消费意图。这需要人们能够很好地理解和整合词汇级的语义特征以及句子级的语义特征。例如,要想识别出"我儿子 1 岁了,医生说有点缺钙,需要给孩子吃点什么呢"这句话包含的消费意图,需要理解关键词"儿子""缺钙"以及整个句子的含义。

(2) 用户消费意图的挖掘任务是领域相关的,因此,构建的模型需要具有领域自适应能力。

消费意图毕竟还只是停留在个人意愿层面,有多少用户会真正将消费意图转化成消费行为,这是人们更加关心的话题,也是对于预测更有效的特征。

消费意图识别的研究分成显式消费意图、隐式消费意图和能够转化成行为的意图 3 个层次。如图 6.26 所示,显式消费意图是用户消费意图这座冰山中露出水面的部分,大部分是隐式消费意图。无论是显式消费意图,还是隐式消费意图,都只有一部分能够转化为购买行为。

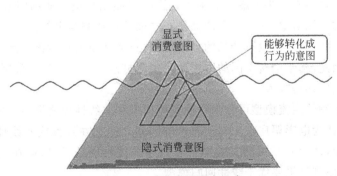

图 6.26　消费意图研究层次

2. 基于消费意图挖掘的电影票房预测

消费意图挖掘在很多方面都有很重要的应用,如推荐系统、产品销量预测等。电影票房预测正是消费意图研究的一个成功应用。

很多与电影相关的数据可以方便地获取到。互联网上有很多与电影主题相关的网站,例如美国电影资料库、中国时光网和豆瓣网等。新浪微博每周至少会有 1000 万条以上的消息讨论与电影相关的内容。因此,有足够的数据用于分析影响电影票房的因素。

电影的总票房、周票房甚至每天的票房都可以比较容易地从上述网站获得,这有助于评价实验结果的好坏,并不断提高预测的准确率。

社会媒体的消费意图数据与电影票房有清晰的逻辑相关性。社会媒体用户在某部电影上映前发布了关于某部电影的消息,说明他对这部电影感兴趣并且很有可能会去电影院观看这部电影。上映前一周的社会媒体数据相对于其他时间段的数据来讲,与电影票房的关联性最强。电影上映之后,带有情感倾向性的社会媒体内容变得至关重要。因为这类信息的传播可以看成是一种口碑营销,它将很大程度影响潜在消费者。

基于消费意图理解的电影票房预测相对于传统的电影票房预测而言,可以说是站在一个全新的角度进行研究。传统电影票房预测始于 20 世纪 80 年代末,首次提出了电影票房研究的基本模型和方法。总体来讲,传统电影票房预测主要是基于电影相关的特定的结构化数据,如影片类型、电影协会分级、上映时间、是否有续集等。然而,这些方法要么预测效果不佳,要么需要一些时间点之后的数据才能得出合理的预测结果,很难被应用于实践中。

近几年,一些工作向人们展示了社会媒体在预测方面惊人的力量。例如,基于社会媒体的选举结果预测、流行病预测、奥斯卡获奖预测和足球比赛结果预测等。美国惠普实验室首先在基于社会媒体的电影票房研究中进行了尝试,在该实验室的研究中有两个重要的假设:一个是电影在社会媒体中被提及的次数(声量)越多,电影票房会越高;另一个是社会媒体用户对电影的评价越高,电影票房越高。但是,仔细分析后发现这两个假设并不成立。因为电影的媒体声量大并不一定意味着电影的口碑好;电影的口碑好,看的人不一定就多;口碑差,看的人不一定就少。真正能够做到口碑与票房双赢的电影并不多。

例如,《三枪拍案惊奇》《画壁》等电影的口碑较低(豆瓣评分 4.6 分),但是票房收入不错(票房收入分别是 2.6 亿元和 1.6 亿元)。无论某个产品在社会媒体上被讨论得多么热烈,评价多么好,最终有多少人愿意购买才是影响产品销量最本质的因素。另外,对于像电影票房这样的预测对象,是需要在产品发布之前给出预测结果的。

然而,在产品发布之前没有产品的口碑数据,只能获得大众对该产品的消费意图数据(购买意愿)。因此,基于消费意图的电影票房预测打破了以往的格局限制,从最根本的因素出发来预测电影票房收入。

电影票房预测的主流模型可分为线性预测模型和非线性预测模型。这两个模型都存在一个前提,即认为电影票房收入与预测影响因素之间存在线性或非线性关系。在首周票房预测实验中,线性回归模型实验结果要好于非线性回归模型,而在总票房预测研究中,非线性回归模型效果要优于线性回归模型。

这表明电影上映前一周的数据与首周票房线性关系比较明显,这时线性回归模型的预测能力要高于非线性回归模型。随着时间的推移,各种新的因素不断加入以及一些偶然情况的发生,使得电影上映前一周的数据与总票房之间的线性关系越来越不明显,而这时线性回归模型的预测能力就要低于非线性回归模型。将线性回归模型和非线性回归模型相结合是未来的一项重要工作。

6.5.4　基于事件抽取的预测

基于消费意图的预测是从人的主观角度出发进行预测,而基于事件的预测则是从客观的事实角度出发进行预测。社会媒体中报道的一些事件会对人们的决策产生影响,而人们的决策又会影响他们的交易行为,这种交易行为最终会导致金融市场的波动。重要事件会导致股票市场的剧烈动荡,如果能够及时准确地获取这些重要事件,势必会有助于对金融市场波动的预测。

金融市场的预测研究可分成时间序列交易数据驱动和文本驱动两个不同方向。

时间序列交易数据是最早用于建立预测模型的一类数据,主要包括股票历史价格数据、历史交易量数据和历史涨跌数据等。传统的金融市场预测研究中,金融领域学者多从计量经济学的角度出发进行时间序列分析,进而预测市场的波动情况。

文本驱动的金融市场预测主要是挖掘新闻报道和社会媒体中报道的客观事实以及大众的情感波动。前人的很多研究工作表明,金融领域的新闻在一定程度上会影响股票价格的波动。之后自然语言处理技术逐渐被引入到金融市场预测中。而早期被应用在文本表示的技术主要是基于“词袋模型”,即对于一篇文档来说,假定不考虑文档内的词的顺序关系和语法,只考虑该文档是否出现过这个单词。基于“词袋模型”的文本表示方法并不是最优方案,基于语义框架可以挖掘出更加丰富的文本特征。

以上工作存在一个共性的问题,即没有提取文本中的结构化信息,而这一信息对于股票涨跌预测非常重要。例如,“甲骨文公司诉讼谷歌公司侵权”,如果用词袋模型表示,其形式为{“甲骨文”,“诉讼”,“谷歌”,“侵权”,……}。从中并不能判断出甲骨文公司是原告,还是谷歌公司是原告,也就很难判断出哪个公司的股价会上涨或下跌。

有一种想法是利用结构化的事件预测股票的涨跌。对于上面的例子,如果利用结构化的事件,则可以表示成{(施事:“甲骨文”),(行为:“诉讼”),(受事:“谷歌”)}。由此,能够清楚地知道甲骨文公司是原告,谷歌公司是被告。在此基础上可预测出谷歌公司的股价有可能受影响而下跌,而甲骨文公司的股价可能会上涨。

6.5.5　基于因果分析的预测

对于许多预测问题来说,因果分析是十分重要并且高效的。与相关性相比,因果的确定性更强。例如疾病预测、行为预测和政策效用预测等。对于某些事件来说,当没有过多的相关性数据可用时,因果是最有效的预测指南。例如稀有事件预测和新闻事件预测等。当基于相关性的预测失效时,因果更是预测的唯一指南。因此,当对某一事物预测不准或者认识不准时,一个合理的做法是分析因果并使用因果进行再认识。

1. 因果关系概述

因果与相关是两个不同的重要概念,尽管在很多科学研究中因果比相关更重要,但是目前大数据侧重于相关性研究。相关性分析得到的结论有时是不可靠的,甚至是错误的。无因果关系的两个变量之间可能会表现出虚假的相关性。很多例子可以说明虚假相关性,如张三和李四手表上的时间具有很强的相关性,但是人为地改变张三的手表时间,不会引起李四的手表时间的变化。

统计表明:小学生的阅读能力与鞋的尺寸有很强的相关性,但是很明显它们没有因果关系,人为地改变鞋的尺寸,不会提高小学生的阅读能力。

因果关系也可能表现出虚假的独立性。统计表明:练太极拳的人平均寿命等于或者低于不练太极拳的人的寿命。事实上,太极拳确实可以强身健体,延长寿命,但练太极拳的人往往是体弱多病的人,所以表现出虚假的独立性。

因此,表面上相关的事情,实质上可能并无关联,更没有因果的必然性;表面上不相关,但可能背后有因果关系。大数据分析不能只考虑相关性,也应该考虑因果关系。

如图 6.27 所示,A 代表气温,B 代表冰激凌销量,C 代表游泳馆客流量。A 是 B 和 C 的共同原因,A 升高会导致 B 和 C 的增加。虽然 B 与 C 存在统计相关性,但如果想提高 B 显然不能通过干预 C 来达到,而能通过 A 的升高来达到。

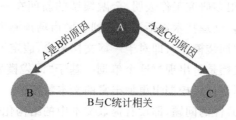

图 6.27　因果关系与相关关系的区别

2. 因果关系抽取

因果关系抽取是一个非常基础且重要的工作。抽取出的因果关系或因果知识可用于预测、问答等。在文本中进行因果抽取就要用到自然语言的处理技术和方法,如词性标注、句法分析和短语抽取等。对于因果关系抽取和检测任务来说,前人的工作所使用的线索可以粗略地分为 3 类。

1) 上下文词信息

在自然语言文本中,相同或相似的句法结构对应不同的语义关系,上下文信息对区别这种相同或相似句法结构的不同语义关系具有重要意义。丰富的上下文信息对提高因果抽取的准确率是非常必要的。获得含有因果提及的句子,尤其是含有显式因果提及的句子是相对容易的。

2) 词之间的关联信息

虽然使用因果关系触发词能覆盖大多数情况,但如果从含有因果提及的句子中抽取出真正存在因果关系的"词对"或者"事件对"是比较困难的。一般认为因果提及中的名词之间、动词之间、动词和名词之间的关联信息对于识别因果来说是非常有效的资源。

3）动词和名词的语义关系信息

在自然语言中一些词语本身蕴含着因果关系的可能性,例如英文的 Increase X,Decrease X,Cause X,Preserve X 都很可能激发出一个原因的结果;中文的"增加了 X""避免了 X""防止了 X"也具有同样的功能。这些词一般被称为触发词。

基于这种触发词模板方法进行因果关系抽取的工作有很多。例如,利用因果关系词在大量的新闻语料中获取事件之间的因果关系。

3. 由因导果

"由因导果"即因果的预测逻辑。看到一个现象或者一个事件的发生,人们总想知道未来可能出现的现象或者发生的事件。对于预测未来,因果无疑是最有效的指南和依据。尤其是在基于相关性分析的预测失效时,若能分析出原因并利用原因进行预测,则预测结果会更加可靠。

另一类问题是稀有事件的预测。稀有事件是指发生概率很低的事件。例如,公路交通事故、网络欺诈行为、网络入侵行为和信用卡诈骗行为等。稀有事件的预测是一个非常复杂的问题,它需要有对问题本身的深刻理解和对问题中的不确定性进行建模。

对于预测稀有事件,数据的稀疏性导致缺少大量的相关关系或相关事件。因此,对稀有事件的预测,既需要具备正确的因果知识,又能够进行正确的因果分析,同时还能充分利用可以用到的小样本数据。

4. 执果溯因

执果溯因即看到一个现象或一个结果人们总想知道"为什么"。在自然语言文本中,人们对因果解释逻辑的诉求也是随处可见。以电商为例,电商网站上有大量用户对商品的评论信息,如某些人对商品 A 持有积极评价,另一些人则对商品 A 吐槽。作为生产商和销售商很想知道,为什么有些人喜欢? 为什么有些人不喜欢? 如果能从评论数据中进行分析找到原因,对生产商和销售商来讲都有重大意义。

在社会学和大众舆情分析领域,大众对某个社会事件或者社会问题的情感和态度是十分重要的,但是更重要的是大众持有某种情感或者态度的原因。如果能自动地从文本中尤其是社会媒体文本中挖掘出这些原因,这对于理解民意、维护社会安定具有重大意义。类似这种从文本中分析原因的需求几乎覆盖各行各业。

在商业决策领域,人们想知道产品销量提高或者降低的原因,进而做出应对,例如电影票房的涨跌和广告宣传的因果作用分析对于宣传策略的选择至关重要。在政治决策上同样如此。为了分析一个时序变量是否对另一个时序变量产生因果作用,可以先预测出一个虚拟结果,进而和真实结果进行对比来评价一个变量对另一个变量的因果作用。例如有一个网站,在某一时刻 t 加入一个广告,那么这个广告究竟可以带来了多少点击量?

可以使用"反事实思维"模式进行预测。"反事实思维"针对的是并没有发生的,但如果你采取另一种方案,通过结果也许会改变你对事件的看法。一种类型是向上的反事实,它是对过去已经发生了的事件,想象如果你这样做,就有可能出现比真实情况更好的结果。有向上反事实,就有向下反事实：如果我当时不这么做,结果可能更糟。

可以提出反事实的假定,设定与事实相反的条件,然后再去确定因果关系。如图6.28所示,竖切的虚线代表引入广告的分界线,起初部分的实线和虚线分别表示真实的网站点击量曲线和不引入广告的情况下的网站点击量曲线。逐点部分代表的是真实曲线和反事实曲线的差值曲线。累积部分是真实曲线和反事实曲线累积差值。通过观察累积差值的大小,可以得到引入广告对网站点击量增加的因果效用,例如得出"引入广告是网站点击量显著增加的原因"的结论。

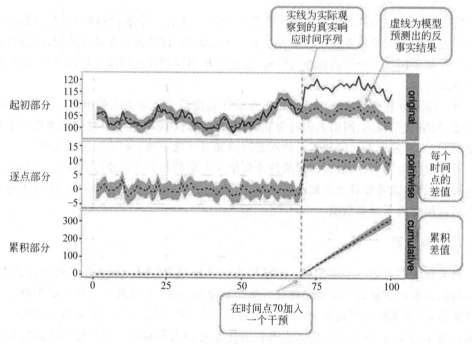

图6.28 通过反事实结果预测推断因果效用

6.6 大数据应用案例：用大数据看风水——以星巴克和海底捞的选址为例

有人问,你们整天说大数据,它到底有什么用啊？今天就给大家讲讲如何用大数据来看风水！

说起看风水开店选址,大家脑海里浮现出来的十有八九是风水先生们拿着罗盘走来走去的画面。

在互联网时代,商家们紧跟时代步伐已经学会了用大数据看风水。简单来说就是基于搜索数据来推断出来哪个地方的用户对服务和商品有需求,相当于根据需求的密集程度来选址——这大概是开店选址需要考虑的最关键的一步,也是百度大数据最独特的地方。

举个例子,下面是一份研究星巴克咖啡连锁店和海底捞火锅连锁店未覆盖地区的用户对这两家店的需求分析的数据图表(看不懂的可以直接跳过看下面的大白话解释),如图 6.29 所示。

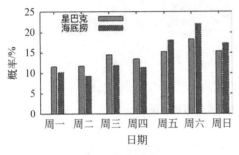

(a) 一周的需求

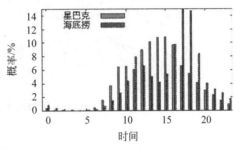

(b) 一天之内的需求

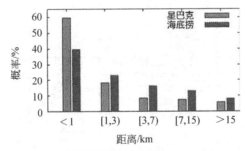

(c) 消费者到店面的距离

图 6.29　星巴克和海底捞未覆盖地区的用户对这两家店的需求分析

看完图 6.29 之后是不是发现果然看不懂? 没关系,下面已经为你翻译好了。

图 6.29(a)中,对比一周的需求,"吃货们"在周末对海底捞的需求高过星巴克。

图 6.29(b)中,在一天之内,单身青年喜欢在午饭后约女神喝星巴克。

图 6.29(c)中,七成星巴克消费者一般选在附近 1km 的店,而去海底捞吃饭的消费者一般需要跑更远的距离(大约 3km)。

百度大数据实验室要做的就是通过分析这些时间、空间、网点、交通便利程度和竞争对手情况等因素,结合用户需求,告诉你应该在哪里开店。

上面的数据经过大数据进一步处理,就得到下面的两幅图,如图 6.30 和图 6.31 所示。

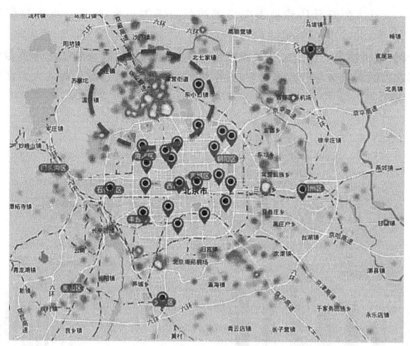

图 6.30　现有网点未覆盖的用户需求分布热力图（一）

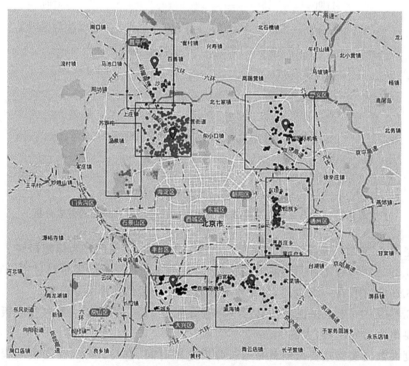

图 6.31　现有网点未覆盖的用户需求分布热力图（二）

📍表示现有的海底捞火锅店的位置

是不是又看不懂了？没关系，接着往下看。

选址优化模型计算出的新网点候选位置，如图中气泡标识。用大数据测算结果跟实际地址对比一下。水滴标记是初算的地址，小圆点是第二、三步复算出的地址，大圆点是最终的建议选址。结合到商铺最后的选址感受一下，如有雷同，不是巧合！

以下是海底捞选址效果验证（石景山万达店）以及星巴克选址效果验证（星巴克北辰购物中心店）的结果图形化显示，如图 6.32 和图 6.33 所示。

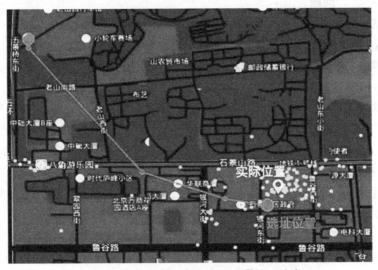

图 6.32　海底捞选址效果验证（石景山万达店）

图 6.33　星巴克选址效果验证（星巴克北辰购物中心店）

通过上面的案例可知，大数据选址服务不但给出现有情况的数字和结论，而且可提供未来决策的合理化建议。

习题与思考题

一、选择题

1. 某超市研究销售记录数据后发现,买啤酒的人很大概率也会购买尿布,这种属于数据挖掘的(   )问题。

    A. 关联规则发现　　　B. 聚类　　　　　　　　C. 分类　　　　　　　　D. 自然语言处理

2. 数据挖掘的挖掘方法包括(   )。

    A. 聚类分析　　　　　B. 回归分析　　　　　　C. 神经网络　　　　　　D. 决策树算法

3. Web 内容挖掘实现技术是(   )。

    A. 文本总结　　　　　B. 文本分类　　　　　　C. 文本聚类　　　　　　D. 关联规则

4. 社交网络产生了海量用户以及实时和完整的数据,同时社交网络也记录了用户群体的(   ),通过深入挖掘这些数据来了解用户,然后将这些分析后的数据信息推给需要的品牌商家或是微博营销公司。

    A. 地址　　　　　　　B. 行为　　　　　　　　C. 情绪　　　　　　　　D. 来源

5. 在数据挖掘工作的 4 个阶段中,数据挖掘占总时间的百分比为(   ),对于成功重要性的百分比为(   )。

    A. 50%　　　　　　　B. 20%　　　　　　　　C. 80%　　　　　　　　D. 60%

6. 美国海军军官莫里通过对前人航海日志的分析,绘制了新的航海路线图,标明了大风与洋流可能发生的地点。这体现了大数据分析理念中的(   )。

    A. 在数据基础上倾向于全体数据而不是抽样数据

    B. 在分析方法上更注重相关分析而不是因果分析

    C. 在分析效果上更追究效率而不是绝对精确

    D. 在数据规模上强调相对数据而不是绝对数据

7. 下列关于聚类挖掘技术的说法中,错误的是(   )。

    A. 不预先设定数据归类目,完全根据数据本身性质将数据聚合成不同类别

    B. 要求同类数据的内容相似度尽可能小

    C. 要求不同类数据的内容相似度尽可能小

    D. 与分类挖掘技术相似的是,都是要对数据进行分类处理

8. 下列关于大数据的分析理念的说法中,错误的是(   )。

    A. 在数据基础上倾向于全体数据而不是抽样数据

    B. 在分析方法上更注重相关分析而不是因果分析

    C. 在分析效果上更追究效率而不是绝对精确

    D. 在数据规模上强调相对数据而不是绝对数据

9. 关于数据估值,下列说法错误的是(   )。

    A. 随着数据价值被重视,公司所持有和使用的数据也渐渐纳入了无形资产的范畴

    B. 无论是向公众开放还是将其锁在公司的保险库中,数据都是有价值的

C. 数据的价值可以通过授权的第三方使用来实现

D. 目前可以通过数据估值模型来准确地评估数据的价值评估

10. 对大数据使用进行正规评测及正确引导,可以为数据使用者带来(　　)好处。

A. 他们无须再取得个人的明确同意,就可以对个人数据进行二次利用

B. 数据使用者不需要为敷衍了事的评测和不达标准的保护措施承担法律责任

C. 数据使用者的责任不需要强制力规范就能确保履行到位

D. 所有项目,管理者必须设立规章,规定数据使用者应如何评估风险、如何规避或减轻潜在伤害

二、问答题

1. 大数据分析面对的数据类型有哪些?

2. 简述大数据分析与处理方法。

3. 数据挖掘的功能有哪些?

4. 为什么说"大数据自动挖掘"才是大数据的真正意义?

5. 为什么说"商务智能＝数据＋分析＋决策＋利益"?

6. 电商大数据分析需要考虑哪些方面?

7. 简述大数据营销的定义与特点。

8. 谈一谈你对网络营销大数据业务模型和实际操作的看法。

9. 基于社会媒体的分析预测技术有哪些?

第7章

大数据隐私与安全

7.1 大数据面临的安全问题

大数据的爆发是人们在信息化和社会发展中遇到的棘手问题,需要采用新的数据管理模式,研究和发展新一代的信息技术才能解决。

目前大数据面临的安全问题主要有以下 7 点。

1. 速度方面的问题

传统的关系数据库管理系统(RDBMS)一般都是集中式的存储和处理,没有采用分布式架构,在很多大型企业中的配置往往都是基于 IOE 架构,即 IBM 服务器、Oracle 数据库和 EMC 存储。在这种典型配置中单台服务器的配置通常都很高,可以多达几十个 CPU 核,内存也能达到上百吉字节;数据库的存储放在高速大容量的磁阵上,存储空间可达 TB 级。这种配置对于传统的管理信息系统(MIS)需求来说是可以满足需求的,然而面对不断增长的数据量和动态数据使用场景,这种集中式的处理方式就日益成为瓶颈,尤其是在速度响应方面捉襟见肘。

在面对大数据量的导入导出、统计分析、检索查询方面,由于依赖于集中式的数据存储和索引,性能随着数据量的增长而急速下降,对于需要实时响应的统计及查询场景更是无能为力。例如在物联网中,传感器的数据可以多达几十亿条,对这些数据需要进行实时入库、查询及分析,传统的数据库管理系统就不再适合应用需求。

2. 种类及架构问题

传统的数据库管理系统对于结构化的、固定模式的数据,已经形成了相当成熟的存储、查询、统计处理方式。随着物联网、互联网以及移动通信网络的飞速发展,数据的格式及种类在不断变化和发展。在智能交通领域,所涉及的数据可能包含文本、日志、图片、视频和矢量地图等来自不同数据采集监控源的、不同种类的数据。

这些数据的格式通常都不是固定的,如果采用结构化的存储模式将很难应对不断变化的需求。因此,对于这些种类各异的多源异构数据,需要采用不同的数据和存储处理模式,结合结构化和非结构化数据存储。在整体的数据管理模式和架构上,也需要采用新型的分布式文件系统及分布式 NoSQL 数据库架构,才能适应大数据量及变化的结构。

3. 体量及灵活性问题

如前所述,大数据由于总体的体量巨大,采用集中式的存储,在速度、响应方面都存在问题。当数据量越来越大,并发读写量也越来越大时,集中式的文件系统或单数据库操作将成为致命的性能瓶颈,毕竟单台机器的承受压力是有限的。可以采用线性扩展的架构和方式,把数据的压力分散到很多台机器上,直到可以承受,这样就可以根据数据量和并发量来动态增加和减少文件或数据库服务器,实现线性扩展。

在数据存储方面,需要采用分布式可扩展的架构,例如大家所熟知的 Hadoop 文件系统和 HBase 数据库。同时在数据的处理方面,也需要采用分布式的架构,把数据处理任务,分配到很多计算节点上,同时还需考虑数据存放节点和计算节点之间的位置相关性,在计算领域中,资源分配和任务分配实际上是一个任务调度问题。

其主要任务是根据当前集群中各个节点上面的资源(包括 CPU、内存、存储空间和网络资源等)的占用情况,以及各个用户作业服务质量要求,在资源和作业或者任务之间做出最优的匹配。由于用户对作业服务质量的要求是多样化的,同时资源的状态也在不断变化,因此,为分布式数据处理找到合适的资源是一个动态调度问题。

4. 成本问题

集中式的数据存储和处理,在硬件和软件选型时,基本采用的方式都是配置相当高的大型机或小型机服务器,以及访问速度快、保障性高的磁盘阵列,来保障数据处理性能。这些硬件设备都非常昂贵,动辄高达数百万元,同时软件也经常是国外大厂商如 Oracle、IBM、SAP 和微软等的产品,对于服务器及数据库的维护也需要专业技术人员,投入及运维的成本很高。

在面对海量数据处理的挑战时,这些厂商也推出了形似庞然大物的"一体机"解决方案,通过把多服务器、大规模内存、闪存、高速网络等硬件进行堆叠,来缓解数据压力,然而在硬件成本上,更是大幅增高,一般的企业很难承受。

新型的分布式存储架构、分布式数据库如 HDFS、HBase 和 MongoDB 等由于大多采用去中心化的、海量并行处理架构,在数据处理上不存在集中处理和汇总的瓶颈,同时具备线性扩展能力,能有效地应对大数据的存储和处理问题。

在软件架构上,也都实现了一些自管理、自恢复的机制,以面对大规模节点中容易出现的偶发故障,保障系统整体的健壮性,因此对每个节点的硬件配置,要求并不高,甚至可以使用普通的 PC 作为服务器,这样可以大大节省服务器成本,在软件方面开源软件也占据非常大的价格优势。

当然,在谈及成本问题时,不能简单地进行硬件和软件的成本对比。要把原有的系统及应用迁移到新的分布式架构上,从底层平台到上层应用都需要做很大的调整。尤其是在数据库模式以及应用编程接口方面,新型的 NoSQL 数据库与原来的 RDBMS 存在较大的差别,企业需要评估迁移及开发成本、周期及风险。除此之外,还需考虑服务、培训和运维等方面的成本。

但在总体趋势上,随着这些新型数据架构及产品的逐渐成熟与完善,以及一些商业运营公司基于开源基础为企业提供专业的数据库开发及咨询服务,新型的分布式、可扩展数据库模式必将在大数据浪潮中胜出,从成本到性能方面完胜传统的集中式模式。

5. 价值挖掘问题

大数据由于体量巨大,同时又在不断增长,因此单位数据的价值密度在不断降低。但同时大数据的整体价值在不断提高,大数据被类比为石油和黄金,因此从中可以发掘巨大的商业价值。要从海量数据中找到潜藏的模式,需要进行深度的数据挖掘和分析。大数据挖掘与传统的数据挖掘模式也存在较大的区别。

传统的数据挖掘一般数据量较小,算法相对复杂,收敛速度慢。然而大数据的数据量巨大,在对数据的存储、清洗和 ETL 方面都需要能够应对大数据量的需求和挑战,在很大程度上需要采用分布式并行处理的方式,例如 Google、微软的搜索引擎,在对用户的搜索日志进行归档存储时,就需要多达几百台甚至上千台服务器同步工作,才能应付全球上亿用户的搜索行为。

同时,在对数据进行挖掘时,也需要改造传统数据挖掘算法以及底层处理架构,同样采用并行处理的方式才能对海量数据进行快速计算分析。Apache 的 Mahout 项目就提供了一系列数据挖掘算法的并行实现。在很多应用场景中,甚至需要挖掘的结果能够实时反馈回来,这对系统提出很大挑战,因为数据挖掘算法通常需要较长的时间,尤其是在大数据量的情况下,可能需要结合大批量的离线处理和实时计算才可能满足需求。

数据挖掘的实际增效也是人们在进行大数据价值挖掘之前需要仔细评估的问题。并不见得所有的数据挖掘计划都能得到理想的结果。首先需要保障数据本身的真实性和全面性,如果所采集的信息本身噪声较大,或者一些关键性的数据没有被包含进来,那么所挖掘出来的价值规律也就大打折扣。

其次也要考虑价值挖掘的成本和收益,如果对挖掘项目投入的人力和物力、硬件和软件平台耗资巨大,项目周期也较长,而挖掘出来的信息对于企业生产决策、成本效益等方面的贡献不大,那么片面地相信和依赖数据挖掘的威力,也是不切实际和得不偿失的。

6. 存储及安全问题

在大数据的存储及安全保障方面,大数据由于存在格式多变、体量巨大的特点,也带来了很多挑战。针对结构化数据,关系数据库管理系统 RDBMS 经过几十年的发展,已经形成了一套完善的存储、访问、安全与备份控制体系。由于大数据的巨大体量,也对传统 RDBMS 造成了冲击,如前所述,集中式的数据存储和处理也在转向分布式并行处理。大数据更多的时候是非结构化数据,因此也衍生了许多分布式文件存储系统、分布式 NoSQL 数据库等来应对这类数据。

　　然而这些新兴系统,在用户管理、数据访问权限、备份机制和安全控制等各方面还需进一步完善。安全问题,如果简而言之,一是要保障数据不丢失,对海量的结构化和非结构化数据,需要有合理的备份冗余机制,在任何情况下任何数据都不能丢;二是要保障数据不被非法访问和窃取,只有对数据有访问权限的用户,才能看到数据,拿到数据。

　　由于大量的非结构化数据可能需要不同的存储和访问机制,因此要形成对多源、多类型数据的统一安全访问控制机制,还是亟待解决的问题。大数据由于将更多、更敏感的数据汇集在一起,对潜在攻击者的吸引力更大;若攻击者成功实施一次攻击,将能得到更多的信息,"性价比"更高,这些都使得大数据更易成为被攻击的目标。LinkedIn 在 2012 年被曝 650 万用户的账户和密码泄露。雅虎遭到网络攻击,致使 45 万用户 ID 泄露。2011年 12 月,中国专业 IT 社区 CSDN 的安全系统遭到黑客攻击,600 万用户的登录名、密码及邮箱遭到泄露。

　　与大数据紧密相关的还有隐私问题。由于物联网技术和互联网技术的飞速发展,与人们工作生活相关的各类信息都被采集和存储下来,人们随时暴露在"第三只眼"下面。不管是在上网、打电话、发微博、微信,还是在购物、旅游,人们的行为都在随时被监控分析。对用户行为的深入分析和建模,可以更好地服务用户,实施精准营销,然而如果信息泄露或被滥用,则会直接侵犯用户的隐私,对用户形成恶劣的影响,甚至带来生命和财产的损失。

　　人们随时暴露在公众视线下,如果不培养安全和隐私意识,将会给自身带来灾难。目前世界上的很多国家,包括中国,都在完善与数据使用及隐私相关的法律,来保护隐私信息不被滥用。

7. 互联互通与数据共享问题

　　在我国的企业信息化建设过程中,普遍存在条块分割和信息孤岛的现象。不同行业之间的系统与数据几乎没有交集,同一行业,例如交通、社保系统内部等,也是按行政领域进行划分建设,跨区域的信息交互、协同非常困难。严重的甚至在同一单位内,例如一些医院的信息系统建设,病历管理、病床信息、药品管理等子系统都是分别建设的,没有实现信息共享和互通。

　　"智慧城市"是我国"十二五"信息化建设的重点,而智慧城市的根本,就是要实现信息的互联互通和数据共享,基于数据融合实现智能化的电子政务、社会化管理和民生改善。因此,在城市数字化的基础上,还需实现互联化,打通各行各业的数据接口,实现互联互通,在此之上才能实现智慧化。例如在城市应急管理方面,就需要交通、人口、公安、消防、医疗卫生等各个方面的数据和协助。

　　为实现跨行业的数据整合,需要制定统一的数据标准、交换接口以及共享协议,这样不同行业、不同部门、不同格式的数据才能基于一个统一的基础进行访问、交换和共享。对于数据访问,还需制定细致的访问权限,规定什么样的用户在什么样的场景下,可以访问什么类型的数据。

　　大数据存在的问题如表 7.1 所示。

表 7.1　大数据存在的问题

大数据问题分类	大数据问题描述
速度方面的问题	导入导出问题
	统计分析问题
	检索查询问题
	实时响应问题
种类及架构问题	多源问题
	异构问题
	原系统的底层架构问题
体量及灵活性问题	线性扩展问题
	动态调度问题
成本问题	大机与小型服务器的成本对比
	原有系统改造的成本把控
价值挖掘问题	数据分析与挖掘问题
	数据挖掘后的实际增效问题
存储及安全问题	结构化与非结构化
	数据安全
	隐私安全
互联互通与数据共享问题	数据标准与接口
	共享协议
	访问权限

7.2　大数据安全与隐私保护关键技术

7.2.1　基于大数据的威胁发现技术

由于大数据分析技术的出现,企业可以超越以往的"保护—检测—响应—恢复"模式,更主动地发现潜在的安全威胁。例如,IBM 公司推出了名为"IBM 大数据安全智能"的新型安全工具,可以利用大数据来侦测来自企业内外部的安全威胁,包括扫描电子邮件和社交网络,标示出明显心存不满的员工,提醒企业注意,预防其泄露企业机密。

自 2007 年起,由美国国家安全局(NSA)开始实施绝密电子监听"棱镜"计划,也可以被理解为应用大数据方法进行安全分析的成功故事。通过收集各个国家各种类型的数据,利用安全威胁数据和安全分析形成系统方法发现潜在危险局势,在攻击发生之前识别威胁。

相比于传统技术方案,基于大数据的威胁发现技术具有以下优点。

1. 分析内容的范围更大

传统的威胁分析主要针对的内容为各类安全事件。一个企业的信息资产包括数据资产、软件资产、实物资产、人员资产、服务资产和其他为业务提供支持的无形资产。由于传统威胁检测技术的局限性,其并不能覆盖这六类信息资产,因此所能发现的威胁也是有限的。

在威胁检测方面引入大数据分析技术,可以更全面地发现针对这些信息资产的攻击。例如通过分析企业员工的即时通信数据、E-mail 数据等可以及时发现人员资产是否面临其他企业"挖墙脚"的攻击威胁。再如通过对企业的客户部订单数据的分析,也能够发现一些异常的操作行为,进而判断是否危害公司利益。可以看出,分析内容范围的扩大使得基于大数据的威胁检测更加全面。

2. 分析内容的时间跨度更长

现有的许多威胁分析技术都是内存关联性的,也就是说实时收集数据,采用分析技术发现攻击。分析窗口通常受限于内存大小,无法应对持续性和潜伏性攻击。引入大数据分析技术后,威胁分析窗口可以横跨若干年的数据,因此,威胁发现能力更强,可以有效应对 APT 类攻击。

3. 攻击威胁的预测性

传统的安全防护技术或工具大多是在攻击发生后对攻击行为进行分析和归类,并做出响应。而基于大数据的威胁分析,可进行超前的预判。它能够寻找潜在的安全威胁,对将发生的攻击行为进行预防。

4. 对未知威胁的检测

传统的威胁分析通常是由经验丰富的专业人员根据企业需求和实际情况展开,然而这种威胁分析的结果很大程度上依赖于个人经验。同时,分析所发现的威胁也是已知的。大数据分析的特点是侧重于普通的关联分析,而不侧重因果分析,因此通过采用恰当的分析模型,可发现未知威胁。

虽然基于大数据的威胁发现技术具有上述优点,但是该技术目前也存在一些问题和挑战,主要集中在分析结果的准确程度上。

一方面,大数据采集很难做到全面,而数据又是分析的基础,它的片面性往往会导致分析出的结果的偏差。为了分析企业信息资产面临的威胁,不但要全面收集企业内部的数据,还要对一些企业外的数据进行收集,这些在某种程度上是一个大问题。

另一方面,大数据分析能力的不足影响威胁分析的准确性。例如,纽约投资银行每秒会有 5000 次网络事件,每天会从中捕捉 25TB 的数据,如果没有足够的分析能力,要从如此庞大的数据中准确地发现极少数预示潜在攻击的事件,进而分析威胁的由来是几乎不可能完成的任务。

7.2.2　基于大数据的认证技术

身份认证是信息系统或网络中确认操作者身份的过程。传统的认证技术主要通过用户所知的秘密（如口令）或者持有的凭证（如数字证书）来鉴别用户。这些技术面临如下两个问题。

首先，攻击者总是能够找到方法来骗取用户所知的秘密，或窃取用户持有的凭证，从而通过认证机制的认证。例如攻击者利用钓鱼网站窃取用户口令，或者通过社会工程学方式接近用户，直接骗取用户所知秘密或持有的凭证。

其次，传统认证技术中认证方式越安全往往意味着用户负担越重。例如，为了加强认证安全，而采用的多因素认证，用户往往需要同时记忆复杂的口令，还要随身携带硬件USB Key.一旦忘记口令或者忘记携带 USB Key,就无法完成身份认证。

为了减轻用户负担，一些生物认证方式出现，利用用户具有的生物特征，例如指纹等，来确认其身份。然而，这些认证技术要求设备必须具有生物特征识别功能，例如指纹识别。因此，很大程度上限制了这些认证技术的广泛应用。

在认证技术中引入大数据分析则能够有效地解决这两个问题。基于大数据的认证技术指的是收集用户行为和设备行为数据，并对这些数据进行分析，获得用户行为和设备行为的特征，进而通过鉴别操作者行为及其设备行为来确定其身份。这与传统认证技术利用用户所知秘密，所持有凭证，或具有的生物特征来确认其身份有很大不同。具体地，这种新的认证技术具有以下优点。

（1）攻击者很难模拟用户行为特征来通过认证，因此更加安全。利用大数据技术所能收集的用户行为和设备行为数据是多样的，可以包括用户使用系统的时间、经常采用的设备和设备所处的物理位置，甚至是用户的操作习惯数据。

通过这些数据的分析能够为用户勾勒一个行为特征的轮廓。攻击者很难在方方面面都模仿到用户的行为，因此其与真正用户的行为特征轮廓必然存在一个较大偏差，无法通过认证。

（2）减小了用户负担。用户行为和设备行为特征数据的采集、存储和分析都由认证系统完成。相比于传统认证技术，极大地减轻了用户负担。

（3）可以更好地支持各系统认证机制的统一，基于大数据的认证技术可以让用户在整个网络空间采用相同的行为特征进行身份认证，从而避免不同系统采用不同认证方式，以及用户所知秘密或所持有凭证也各不相同带来的种种不便。

虽然基于大数据的认证技术具有上述优点，但同时也存在一些问题和挑战需要解决。

1) 初始阶段的认证问题

基于大数据的认证技术是建立在大量用户行为和设备行为数据分析的基础上，而初始阶段不具备大量数据。因此，无法分析出用户行为特征，或者分析的结果不够准确。

2) 用户隐私问题

基于大数据的认证技术为了能够获得用户的行为习惯，必然要长期持续地收集大量的用户数据。那么如何在收集和分析这些数据的同时，确保用户隐私也是亟待解决的问题。它是影响这种新的认证技术是否能够推广的主要因素。

7.2.3　基于大数据的数据真实性分析

目前,基于大数据的数据真实性分析被广泛认为是最为有效的方法。许多企业已经开始了这方面的研究工作,例如雅虎利用大数据分析技术来过滤垃圾邮件;美国最大的点评网站 Yelp 等社交点评网络用大数据分析来识别虚假评论;新浪微博等社交媒体利用大数据分析来鉴别各类垃圾信息等。

基于大数据的数据真实性分析技术能够提高垃圾信息的鉴别能力。一方面,引入大数据分析可以获得更高的识别准确率。例如,对于点评网站的虚假评论,可以通过收集评论者的大量位置信息、评论内容和评论时间等进行分析,鉴别其评论的可靠性。

如果某评论者为某品牌多个同类产品都发表了恶意评论,其评论的真实性就值得怀疑;另一方面,在进行大数据分析时,通过机器学习技术,可以发现更多具有新特征的垃圾信息。然而该技术仍然面临一些困难,主要是虚假信息的定义和分析模型的构建等。

7.2.4　大数据与"安全即服务"

前面列举了部分当前基于大数据的信息安全技术,未来必将涌现出更多、更丰富的安全应用和安全服务。由于此类技术以大数据分析为基础,因此如何收集、存储和管理大数据就是相关企业或组织所面临的核心问题。

除了极少数企业有能力做到之外,对于绝大多数信息安全企业来说,更为现实的方式是通过某种方式获得大数据服务,结合自己的技术特色领域,对外提供安全服务。

一种未来的发展前景是,以底层大数据服务为基础,各个企业之间组成相互依赖、相互支撑的信息安全服务体系,总体上形成信息安全产业界的良好生态环境。

7.3　大数据安全的防护策略

1. 确保身份安全

要进行大数据分析,需要把大型数据集划分成更易于管理的单个部分,然后分别通过 Hadoop 集群处理,最后将它们重新组合以产生所需分析。该过程高度自动化,涉及大量跨集群的机器对机器(Machine-to-Machine,M2M)交互。

在 Hadoop 的基础设施上会发生几个层次的授权,具体包括如下。

(1) 访问 Hadoop 集群。

(2) 簇间通信。

(3) 集群访问数据源。

这些授权往往是基于安全外壳协议(Secure Shell,SSH)密钥的,其对于使用 Hadoop 是理想的,因其安全级别支持自动化的机器对机器通信。

许多基于云计算的 Hadoop 服务也使用 SSH 作为访问 Hadoop 集群的认证方法。确保了授予访问大数据环境中的身份应该是一个高优先级的,但其也具有挑战性。这对于那些想要像使用 Hadoop 一样使用大数据分析的公司来说是一个很大的挑战。有些问题直截了当。

谁来建立运行大数据分析的授权？

一旦建立授权的人离职，会出现什么问题？

授权提供的访问级别是否基于"须知"安全准则？

谁可以访问授权？

如何管理这些授权？

大数据并不是需要考虑这些问题的唯一技术。当越来越多的业务流程自动化，这些问题将遍布数据中心。自动化的机器对机器M2M通信交易占到了数据中心所有通信的80％，然而大部分管理员则把焦点集中在与员工账户相关联的20％的通信流量。大数据将成为下一个杀手级应用，全面管理以机器为主的身份变得迫在眉睫。

2. 风险

众所周知的数据泄露包括滥用以机器为主的证书，这体现了忽视M2M身份验证的现实风险。当企业在管理终端用户身份上取得很大进步时，却忽视了应以同样标准处理机器为主的身份验证的需求。其结果就是使整个IT环境遍布风险。

然而，对于想要将集中的身份和存取管理应用到数百万基于机器的身份来说，改变运行中的系统是一个很大的挑战。不中断系统迁移环境是一项复杂的工作，所以企业一直在犹豫也不足为奇。

3. 密钥管理的不良状况

密钥管理的现状一直很糟糕。为了管理用于保护M2M通信的认证密钥，许多系统管理员使用电子表格或自编脚本来控制分配、监控和清点密钥。这种做法漏掉了许多密钥。想来他们也没有设置常规扫描，于是未被授权的非法途径便在不知不觉中添加进来。

缺少对密钥的集中控制严重影响法律法规。以金融行业为例，规定要求必须严格控制谁可以访问敏感数据，例如最近强化了的PCI标准要求任何接受支付卡的地方（银行、零售商、餐馆和医院等）均需依照同样标准执行，无一例外。由于这些行业目前正在迅速果断地执行大数据战略，来分得用户驱动数据大潮的一杯羹，这些企业越来越容易违背法规并面临监管制裁。

4. 安全步骤

组织机构必须承认并应对这些风险。这些步骤是行动开始的最佳做法。

(1) 很少有IT信息技术人员知道身份的存储位置、访问权限，以及其支持的业务流程。因此，第一步是被动非侵入的发现。

(2) 环境监测是必需的，这样才能确定哪些身份是活跃的，哪些不是。幸运的是，在许多企业中，未使用的（也是不需要的）身份往往占绝大多数。一旦这些未使用的身份被定位并移除，整体工作量便会大大降低。

(3) 下一步是集中控制添加、更改和删除机器身份。这样一来，政策便可以控制身份如何使用，确保没有非托管的身份添加，并提供法规遵从的有效证明。

(4) 随着可见性和管理控制的确定,违反政策的身份可以在不中断业务流程的情况下进行校正。集中管理可对该身份的权限级别进行修正。

5. 安全策略

大数据的兴起伴随着数据存取控制的新型风险。M2M 身份管理必不可少,但是传统的人工做法效率低且风险高。盘点所有密钥,使用最优方法可以节省时间和金钱,同时提高安全性和法律法规。由于大数据增加了访问敏感信息的认证门槛,组织机构必须采取积极措施,推出全面一致的身份和存取管理策略。

7.4 大数据应用案例:数据解读城市——北京本地人 VS 外地人

在各大城市,"外来人口"都是一个随时可以引起争议的话题。

毫无疑问,外来者为城市的经济发展、城市运行注入活力,同时也是公共资源的使用者。在人口、资源和环境等压力之下,城市的拥挤、无序、污染和不文明等往往被当地居民归咎于"外地人"。

互联网自媒体和各个地方论坛上,"本地人"对"外地人"的抱怨和"外地人"对"本地人"的反击非常普遍。在这些争论中,时常见到本地人指责外地人对原有城市生活环境、文化和语言等方面造成冲击。

那么,首都的情况如何? 近年来,随着北京城市面积的扩张和旧城人口的疏解,北京的本地论坛里也出现"北京首都化的过程就是外地人进三环,北京土著出五环的过程"这一说法。这些观感究竟是带着情绪的抱怨,还是某种程度上的事实? 本文无意介入具体的争论,这里仅基于数据,从常住外来人口、外来青年人才以及短期来京外来人口 3 个视角,分析一下北京外来人口的分布情况。

大数据论证:你的上班路为何会变成漫长取经路?

北京的人流在哪儿? 用大数据看城市。

用数据来勾画,24:00 之后的北京到底是啥样儿?

大数据颠覆了您心中的"房奴"形象(来自 50 000＋北京商业贷款案例)。

1. 视角一:常住外来人口分布

北京的"外地人"到底住在哪些地方? 是不是真的把原先的老北京"挤出去"了呢? 先来试着回答一下这个问题。

从全国第六次人口普查的数据看,北京常住外来人口数量的分布图如图 7.1 所示。

常住人口指的是,"全年经常在家或在家居住 6 个月以上,且经济和生活与本户连成一体的人口"。北京市常住外来人口总共有 702.8 万,其中一半以上居住在五环之外,具体数字是 375.2 万。

以"乡镇街道办事处"为统计单位,考察常住外来人口总数,发现大量外来人口集中在五环以外(颜色越深,常住外来人口数量越多):北五环至六环的回龙观、东小口、北七家;

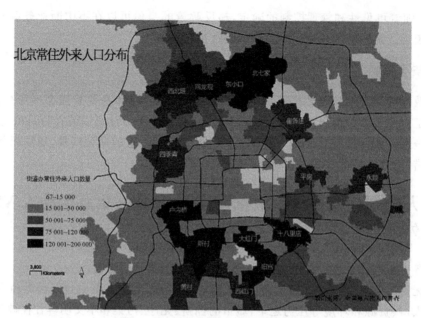

图 7.1　北京常住外来人口数量的分布图

南三环与南五环之间卢沟桥、新村、大红门、旧宫和十八里店；以及东五环外平房和永顺街道。北京各环路间常住外来人口比例概况如图 7.2 所示。

北京各环路间常住外来人口比例概况

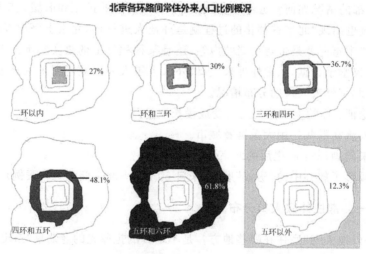

图 7.2　北京各环路间常住外来人口比例概况

通过"外来人口所占单元总人口比例"数据观察本地外来人口分布，可以发现，在各环路之间，五环和六环之间的常住外来人口占全部常住人口的比例最高，达到 61.8％，而四环内常住外来人口占比仅约为 32.1％。

还发现部分区域明显出现"倒挂"现象：单元内外来人口比例超过 50％的乡镇街道办（图中深蓝色块），重点分布在从西北五环内顺时针至东南五环外的"倒 C"状地带。其中倒挂最显著的乡镇街道办是位于西北四环外的万柳地区(82%),以及位于东南四环和东五环之间的十八里店(77%)。北京常住外来人口比例分布如图 7.3 所示。

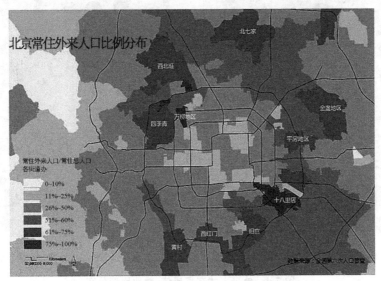

图 7.3 北京常住外来人口比例分布

浅蓝色块代表的以本地人为主的乡镇街道办,则主要分布在四环内以及西南四环外的区域,与图 7.1 反映出的特征一致,甚至更加显著。

通过以上数据分析可知,北京本地人(拥有北京户籍的人口)大部分还是住在繁华的"城里",尽管存在人口疏解措施,但截至 2010 年,四环以内北京本地人为主的人口结构,并没有改变。

2. 视角二:外来人才分布

对于特大城市的政府而言,在对外来人口限制的同时,对所谓外来人才通常持欢迎态度。那么,是否意味着,外来人才会住在北京靠近市中心一带?

由于缺乏外来人才的官方统计口径,为了观察他们的分布,用"拥有大学及以上学历的青年人"来分析。根据某电商的用户画像数据,分析了 20~30 岁大学及以上学历的工作人群在京的分布情况。

以交通分析小区为单元,统计了外来人才在京居住和就业分布(排除样本量过小的单元):颜色越绿代表外来人才比例较高,越红代表本地人才比例较高。外来人才在京居住、就业比例分布如图 7.4 所示。

总体上看,没有本地人才绝对主导的区域,却有一些居住单元或就业单元,青年人才中 90% 以上是外地人。

统计发现,外来人才大量安居(或租住)在海淀东部和北部、朝阳、顺义、通州、亦庄、大兴等区域,在城市北、东、南的 3 个方位形成一个倒 C 的包围圈。

尤其是,在回龙观、天通苑、沙河、宋庄以及黄村等部分区域,如果你遇到一个有大学以上学历的青年人,那么他/她有 90% 以上的可能会是外地人。

(a) 外来人才在京居住比例分布   (b) 外来人才在京就业比例分布

图7.4　外来人才在京居住、就业比例分布

在北京,外来青年人才平均每天通勤距离近20km,他们从事信息技术、软件、互联网、新材料和新型制造业等高新技术行业工作。北京本地的青年人才更多居住在东城、西城、海淀西南部、丰台东南和河西、门头沟、房山等区域,呈带状分布。

图中本地青年人才居住比例(即青年人才中本地人比例)最高的单元,是长辛店的63%和苹果园的55%;在中心城区,本地青年人才居住比例最高的单元依次是新街口55%,右安门54%,景山52%,以及大栅栏50%。就业方面,本地青年人才比例最高的单元依然是长辛店的56%和苹果园的55%,三环内中心区域本地人才就业比例较高的单元有交道口(54%)、大栅栏(53%)、白纸坊(52%)、东铁匠营(52%)和展览路(51%)。

大体上看,在国家部委、机关事业单位、文化、医疗和商贸等岗位密集的区域,本地人才比例稍高;在金融、教育科研和文创产业等行业密集的区域,本地与外地人才的比例相似。

可见,尽管政府欢迎外来人才,但外来人才中的大部分人却并未进到城里。

说明:本视角观察的本地人才和外来人才并非是城市的全部人口结构,而是20~30岁已毕业的具有大学及以上学历的群体。此外,与常住外来人口的户籍区分方式不同,此处的本地人才和外来人才主要按照出生地来分辨。

3. 视角三：短期来京者的分布

以上两个视角观察的都是定居北京或在京长期就业的外来人口分布,至此,我们并未发现显著的"外来人口主导北京城"的现象,尤其是,在东城区和西城区的常住人口和就业人群里,北京本地人占绝大多数。

但是,为什么在很多人印象中,北京城里四处都是操着异地口音的外地人?实际上,北京城的活动人群中,有大量短期外来人员,如游客、探亲访友者、来京出差的商务人士等。他们并没有出现在前面的统计中。

为了观察这类人群的分布特征,利用"人迹地图"大数据平台,基于 2015 年某普通工作日定位数据,对北京市东城区和西城区,以及短期外来人员较多的热门吸引点,以交通分析小区为单元进行了分析,识别了常住地在北京的人和常住地不在北京的短期来京者,观察他们一日内(上午、下午和夜间)在北京的分布情况。这些热门地点可分为办公、商业、景点、对外枢纽和批发市场五大类。

从整体上看,排除短期外来人员集中的机场、火车站等对外交通枢纽,白天的国贸区域是短期外来人员最密集的区域,共观测到近 3 万人,密度约 0.8 人每平方千米。国贸区域是北京的商务中心区,在工作日,有大量出差来京的商务人士前往。同时这里也是重要的公共交通节点。据报道,国贸地铁换乘日均人流量可达 30 万人次,故该区域观测到的人口数据一定程度上受到地铁、公交客流影响。

八达岭长城全天观测到 1.6 万短期外来人员,不过由于占地面积广阔,八达岭长城的人员密度并不高;天安门区域虽然观测到的短期外来人员绝对数量不算靠前,却是短期外来人员密度最高的区域;王府井则在数量和密度上都位居前列。代表性吸引点全天短期外来人员观测数量和密度如图 7.5 所示。

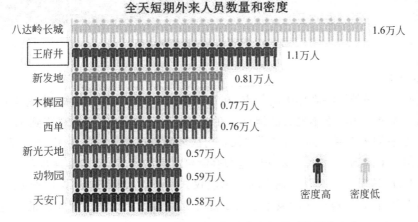

图 7.5　代表性吸引点全天短期外来人员观测数量和密度

进一步按照上午、下午和晚上对各类吸引点单元进行详细分析。

1) 东城区和西城区

从东城区和西城区全区来看,在该工作日的上午,东城区总共观测到约 127 万人,其中短期外来人员约占 16.7%;西城区总共观测到约 140 万人,短期外来人员约占 18.9%。下午与夜间的比例与上午相似。也就是说,工作日在北京市东城区和西城区出现的人当中,每五个人就有一个是短期外来人员。

2) 办公类

国贸区域上午观测到人口 21 万人,下午则增加至 23 万人。如果你这个工作日白天出行目的地是国贸,那么在这边碰到的人里,有 13% 的概率是短期外来人员;到了夜间,短期来京者比例增加至 23%,这是因为在京定居的商务精英下班离开 CBD,而不少外来的商旅人士则选择在 CBD 区域的商务酒店里度过这个普通的夜晚。国贸的人迹地图热力图如图 7.6 所示。

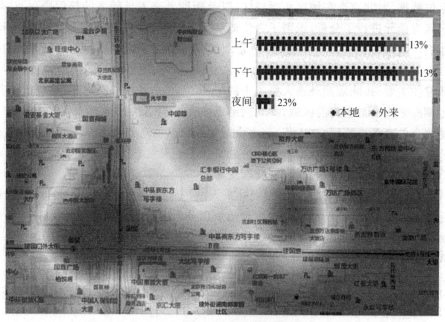

图 7.6 国贸的人迹地图热力图

3)景点类

天安门向来是外地游客必去的景点,在观测的 33 个热门吸引点中,这里是唯一出现过短期外来人员比例高于本地的地点。在这个工作日的上午,这里观测到 1.4 万人,其中有 52% 是短期来京者。到了下午,在天安门区域的可识别人数减少了 4000 人,短期来京者的比例也下降到了 38%。天安门是游客游览故宫的入口,大多数游客会选择早上进入故宫。此外,这里早上有万众瞩目的升国旗仪式。所以,如果这天早上来到天安门,你遇到的路人里,他是外地游客的概率会大于他是北京市民的概率。天安门的人迹地图热力图如图 7.7 所示。

跟天安门相反,南锣鼓巷下午更吸引游客,且更吸引本地游客,短期来京者比例并不高。该日上午共观测到 2 万人,下午增至 2.5 万人,短期来京者的比例也从 14% 增至 15%,到了夜间,短期来京者比例进一步增至 17%。

颐和园占地面积较大,游客往往要花费一整天才能走完。因此,上午和下午可观测的人数浮动在 1.6 万人左右,并没有太大变化。其中短期外来人员比例也很高:与你擦肩的游人中,有 40% 的可能是外地游客。而前文提到的八达岭长城,白天观测到 4.2 万人,外地游客比例同样在 40% 左右。

4)商业类

西单商圈作为老牌商业中心,同样是吸引短期来京者的重要地点。在该工作日的上午,在西单观测到 3.4 万人,下午增至将近 4.8 万人,其中短期来京者的比例保持在 18%

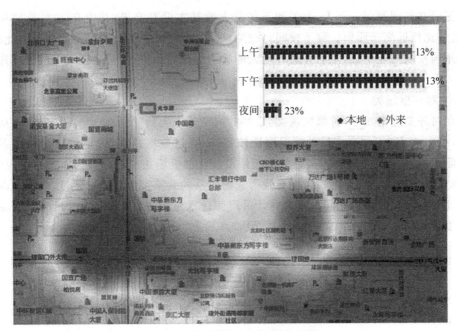

图 7.7　天安门的人迹地图热力图

左右。到了夜间,随着北京市民离开西单回家,短期来京者的比例增至 28%,可以推测,很多来京出差、旅游的人,会选择住在生活和交通都很便利的西单附近。西单的人迹地图热力图如图 7.8 所示。

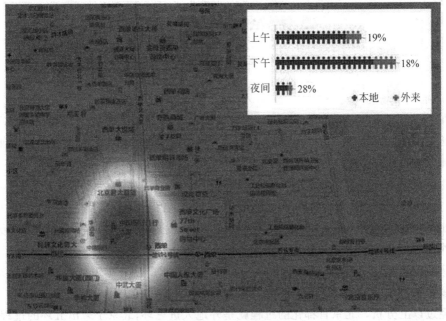

图 7.8　西单的人迹地图热力图

王府井共观测到 4 万人,上午和下午总人数基本没有差异,其中有 40% 是短期来京者,这一比例远高于西单。到了夜间,依然有 30% 的短期来京者住宿在这里。由此看来,同样是国家级商业中心,王府井对外地人的吸引力比西单更高,后者还是以服务本地市民为主。

5)对外枢纽类

在对外交通枢纽中,首都机场、北京站的短期外来人员比例在 30%～35%,北京西站略高,约在 45%;而北京南站的情况则比较特殊,通过数据发现,这里的短期来京者比例非常低,全天都维持在 15%,与其他火车站以及首都机场相比相差甚大。这是否说明,北京南站这个价格稍高的高铁站,更多是为进出北京的北京市民服务?不过,在北京南站我们观测到的人口数量相比起其全天吞吐量而言样本量太少,未来会寻找其他数据源来验证这个结论。北京站和北京南站对比如图 7.9 所示。

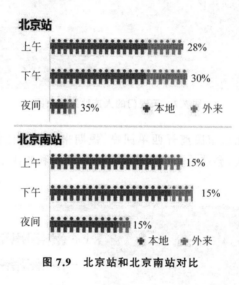

图 7.9   北京站和北京南站对比

6)批发市场类

在很多人印象里,批发市场是外地人密集的区域。动物园批发市场区域在上午观测到近 2.9 万人,下午增至 3.2 万余人。这里短期来京者的比例并不高,而且从早到晚比例变化都不大,仅在 20% 左右。

位于西南四环外的新发地农产品批发市场白天观测到 3 万人左右,短期来京者约占 25%,比例高于动物园批发市场;到了夜间,短期来京者的比例则增至 29%。因为从晚上 11 点到次日凌晨 6 点,北京才允许外地车辆进城,新发地作为农产品批发市场,每天都有很多外地车辆在夜间送货到这里。新发地的人迹地图热力图如图 7.10 所示。

从数据来看,这些批发市场服务的对象仍是北京市民——尽管目前还难以分辨这里面有多大比例是北京户籍。

经过以上分析,"北京首都化的过程就是外地人进三环,北京土著出五环的过程"这个说法并不正确。无论常住外来人口还是外来人才,他们都主要集中在城市北、东、南 3 个区域的四环、五环外围,四环以内仍以本地人为主,外来人才从事的行业与城里的本地人

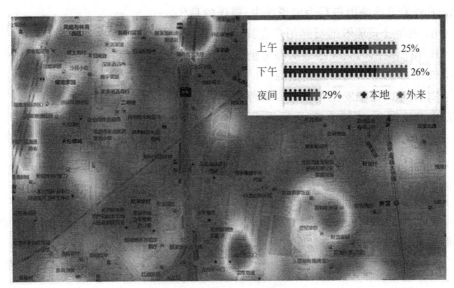

图 7.10　新发地的人迹地图热力图

才从事的行业也开始产生了一定分化。可见北京的新城和边缘集团建设还是明显起到了对外来人口的截留作用——当然,城里高昂的房价和房租的作用也不容忽视。

但在二环以内、商务中心区以及主要旅游景点,有相当比例的人是短期外来人员,基本在 20% 以上,在某些时刻某些区域甚至超过 50%。这些短期来京者,使北京市民产生某种错觉——北京城里外来人口太多。

近年来,北京开始疏解城六区的"非首都功能",但在城里的居住者和就业者主体上还是北京本地人。旅游景点、商业中心和商务中心区是搬不走的。那么,当北京本地市民随着他们的安置房以及岗位而被疏解到新城和北京周边,那些留在北京城里的人们就会有更高的概率与来自祖国各地的同胞擦肩而过,届时他们或许会想——是不是疏解力度还不够?

习题与思考题

一、选择题

1. 以下(　　)管理规定对信息安全及个人隐私进行了保护。
   A.《互联网行业的自律公约》　　　　　B.《治安管理处罚条例》
   C.《关于加强网络信息保护的决定》　　D.《信息安全保护条例》

2. 在大数据时代,我们需要设立一个不一样的隐私保护模式,这个模式应该更着重于(　　)为其行为承担责任。
   A. 数据使用者　　B. 数据提供者　　C. 个人许可　　D. 数据分析者

3. 云安全主要考虑的关键技术有(　　)。
   A. 数据安全　　B. 应用安全　　C. 虚拟化安全　　D. 服务器安全

4. 下列关于网络用户行为的说法中,错误的是( )。

    A. 网络公司能够捕捉到用户在其网站上的所有行为

    B. 用户离散的交互痕迹能够为企业提升服务质量提供参考

    C. 数字轨迹用完即自动删除

    D. 用户的隐私安全很难得以规范保护

5. 下列论据中,能够支撑"大数据无所不能"的观点的是( )。

    A. 互联网金融打破了传统的观念和行为

    B. 大数据存在泡沫

    C. 大数据具有非常高的成本

    D. 个人隐私泄露与信息安全担忧

6. 促进隐私保护的一种创新途径是( ):故意将数据模糊处理,促使对大数据库的查询不能显示精确的结果。

    A. 匿名化　　　　B. 信息模糊化　　　C. 个人隐私保护　　D. 差别隐私

二、问答题

1. 大数据面临哪些方面的安全问题?

2. 简述基于大数据的威胁发现技术。

3. 有哪些种基于大数据的认证技术?

4. 简述大数据安全的防护策略。

第三部分　行业案例

第8章 行业案例研究

8.1 银行业应用

8.1.1 大数据时代：银行如何玩转数据挖掘

银行信息化的迅速发展,产生了大量的业务数据。从海量数据中提取出有价值的信息,为银行的商业决策服务,是数据挖掘的重要应用领域。如今,数据挖掘已在银行业有了广泛深入的应用。

现阶段,数据挖掘在银行业中的应用,主要可分为以下 3 个方面。

1. 风险控制

数据挖掘在银行业的重要应用之一是风险管理,如信用风险评估。可通过构建信用评级模型,评估贷款人或信用卡申请人的风险。一个进行信用风险评估的解决方案,能对银行数据库中所有的账户指定信用评级标准,用若干数据库查询就可以得出信用风险的列表。这种对于高/低风险的评级或分类,是基于每个客户的账户特征,如尚未偿还的贷款、信用调降报告记录、账户类型、收入水平及其他信息等。

对于银行账户的信用评估,可采用直观量化的评分技术。将顾客的海量信息数据以某种权重加以衡量,针对各种目标给出量化的评分。以信用评分为例,通过由数据挖掘模型确定的权重,来给每项申请的各指标打分,加总得到该申请人的信用评分情况。

银行根据信用评分来决定是否接受申请,确定信用额度。过去,信用评分的工作由银行信贷员完成,只考虑几个经过测试的变量,如就业情况、收入、年龄、资产和负债等。现在应用数据挖掘的方法,可以增加更多的变量,提高模型的精度,满足信用评价的需求。

通过数据挖掘,还可以根据异常的信用卡使用情况,确定极端客户的消费行为。根据历史数据,评定造成信贷风险客户的特征和背景,可能造成风险损失的客户。在对客户的资信和经营预测的基础上,运用系统的方法对信贷风险的类型和原因进行识别、估测,发现引起贷款风险的诱导因素,有效地控制和降低信贷风险的发生。通过建立信用欺诈模型,帮助银行发现具有潜在欺诈性的事件,开展欺诈侦查分析,预防和控制资金非法流失。

2. 客户管理

在银行客户管理生命周期的各个阶段,都会用到数据挖掘技术。

1) 获取客户

发现和开拓新客户对任何一家银行来说都至关重要。通过探索性的数据挖掘方法,如自动探测聚类和购物篮分析,可以用来找出客户数据库中的特征,预测对于银行活动的响应率。那些被定为有利的特征可以与新的非客户群进行匹配,以增加营销活动的效果。

数据挖掘还可从银行数据库存储的客户信息中,根据事先设定的标准找到符合条件的客户群,也可以把客户进行聚类分析让其自然分群,通过对客户的服务收入、风险等相关因素的分析、预测和优化,找到新的目标客户。

2) 保留客户

通过数据挖掘,在发现流失客户的特征后,银行可以在具有相似特征的客户未流失之前,采取额外增值服务、特殊待遇和激励忠诚度等措施保留客户。例如,使用信用卡损耗模型,可以预测哪些客户将停止使用银行的信用卡,而转用竞争对手的卡,根据数据挖掘结果,银行可以采取措施来保持这些客户的信任。当得出可能流失的客户名单后,可对客户进行关怀访问,争取留住客户。

为留住老客户,防止客户流失,就必须了解客户的需求。数据挖掘可以识别导致客户转移的关联因子,用模式找出当前客户中相似的可能转移者,通过孤立点分析法可以发现客户的异常行为,从而使银行避免不必要的客户流失。数据挖掘工具还可以对大量的客户资料进行分析,建立数据模型,确定客户的交易习惯、交易额度和交易频率,分析客户对某个产品的忠诚度和持久性等,从而为他们提供个性化定制服务,以提高客户忠诚度。

3) 优化客户服务

银行业竞争日益激烈,客户服务的质量是关系银行发展的重要因素。客户是一个可能根据年费、服务和优惠条件等因素而不断流动的团体,为客户提供优质和个性化的服务,是取得客户信任的重要手段。根据"二八原则",银行业 20% 的客户创造了 80% 的价值,要对这 20% 的客户实施最优质的服务,前提是发现这 20% 的重点客户。

重点客户的发现通常是由一系列的数据挖掘来实现的。如通过分析客户对产品的应用频率、持续性等指标来判别客户的忠诚度,通过交易数据的详细分析来鉴别哪些是银行希望保持的客户。找到重点客户后,银行就能为客户提供有针对性的服务。

3. 数据挖掘在银行业的具体应用

数据挖掘技术在银行业中的应用,其中一个重要前提条件是,必须建立一个统一的中央客户数据库,以提高客户信息的分析能力。分析开始时,从数据库中收集与客户有关的所有信息和交易记录,进行建模,对数据进行分析,对客户将来的行为进行预测。具体应用分为 5 个阶段。

1) 加载客户账号信息

这一阶段,主要是进行数据清理,消除现有业务系统中有关客户账户数据不一致的现象,将其整合到中央客户信息库。银行各业务部门对客户有统一的视图,可以进行相关的客户分析,如客户人数、客户分类和基本需求等。

2) 加载客户交易信息阶段

这一阶段主要是把客户与银行分销渠道的所有交易数据,包括柜台、ATM、信用卡、汇款和转账等,加载到中央市场客户信息库。这一阶段完成后,银行可以分析客户使用分销渠道的情况和分销渠道的容量,了解客户、渠道和服务三者之间的关系。

3) 模型评测

这是为客户的每一个账号建立利润评测模型,需要收入的总金额,因此需要加载系统的数据到中央数据库。这一阶段完成后,银行可以从组织、用户和产品 3 个方面分析利润贡献度。例如银行可以依客户的利润贡献度安排合适的分销渠道,模拟和预测新产品对银行的利润贡献度等。

4) 优化客户关系

银行应该掌握客户在生活、职业等方面的行为变化及外部的变化,抓住推销新产品和服务的时机。这需要将账号每天发生的交易明细数据,定时加载到中央数据仓库,核对客户行为的变化。如有变化,银行则利用客户的购买倾向模型、渠道喜好模型、利润贡献模型、信用和风险评测模型等,主动与客户取得联系。

5) 风险评估

银行风险管理的对象主要是与资产和负债有关的风险,因此与资产负债有关的业务系统的交易数据要加载到中央数据仓库;然后,银行应按照不同的期间,分析和计算利率敏感性资产和负债之间的缺口,知道银行在不同期间资本比率、资产负债结构、资金情况和净利息收入的变化。

8.1.2　中国工商银行客户关系管理案例

传统银行的转型实战:看中国工商银行如何利用大数据洞察客户心声?

1. 中国工商银行文本挖掘技术应用探索分享

中国工商银行在大家传统的印象当中是一个体形非常庞大但是稳步前行的形象,但是近些年来在大数据的挑战下,中国工商银行积极应对外界变化,做一些转型。其中一个举措就是通过数据应用驱动业务变革。今天所分享的主题就是和银行的客户服务相关的,如何应用文本挖掘技术洞察客户的心声。来自各方的海量的客户心声如图 8.1 所示。

除了官方服务渠道之外,现在客户越来越希望通过互联网社交网络的方式表达他们的心声,并探讨热点话题。最近监测到这样一个热点话题的讨论,有人说"大家看清楚了,针孔摄像头就是这样装进 ATM 机偷看你的密码的"。这是一个风险事件,中国工商银行需要做到及时了解和掌握。

同时在互联网的新闻网站上最近也有一些报道,有的市民在便利店蹭 WiFi,上了两个小时网,他的银行卡就被盗刷了,这是怎么办到的?中国工商银行需要对这些事件做到了解掌控,并且制定对应的措施。以上这些信息都是以文本方式存在的,可以通过文本挖掘的方法了解用户在说什么,挖掘出有价值的信息,这对中国工商银行客户服务的提升会

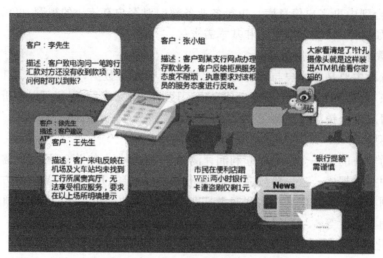

图 8.1　来自各方的海量的客户心声

有很大的帮助。

2. 传统客户服务分析流程

　　首先了解一下传统的银行客户服务分析流程，如图 8.2 所示。当客户拨打 95588 热线电话之后，客服座席人员会把他说的话和要求记录下来，存到客户之声系统中，系统会对结构化的部分进行分析，如投诉的数量、客户对我们满意度的打分或问题处理时效，如图 8.2 所示。

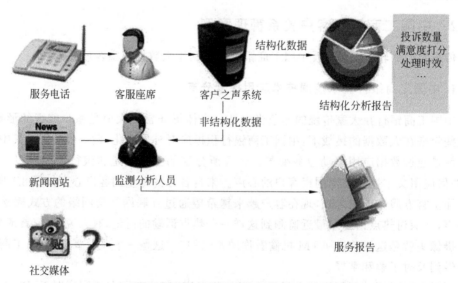

图 8.2　传统的银行客户服务分析流程

　　对于其中非结构化数据部分，就是客户说了什么当时没办法做自动分析，这只能由分析人员逐个来看，但毕竟数量比较多，人工阅读做不到非常全面，只能做抽查，大概看看客户在说什么。我们监测分析人员同时还会去登录一些新闻网站了解近期有没有跟中国工商银行相关的事情发生,然后他会把这个情况记录下来,人工编写这样一个服务报告。当时社交媒体是没有办法做到关注的。

3. 结合文本挖掘的客户服务分析流程

在结合了文本挖掘技术之后有了一些流程变化,不仅对结构化数据做分析,同时也能够从客户反馈的文本当中提取出客户的热点意见,再把热点和结构化数据做关联分析,就能得到更加丰富的分析场景,这在后面会有详细介绍。

同时,又新建了一套互联网的监测分析系统,能够对互联网上的金融网站和社交媒体网站做到自动监控和分析,当然有些重要的事情发生时可以自动地形成监测报告。结合文本挖掘的客户服务分析流程如图 8.3 所示。

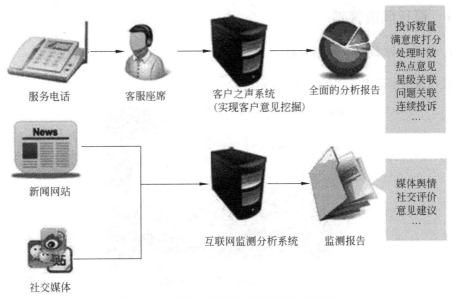

图 8.3　结合文本挖掘的客户服务分析流程

从刚才服务流程的演变可以看到有了一些挖掘的功能,首先从技术来说丰富了分析的手段,原来只能对结构化进行分析,现在能够对文本数据客户所说的内容进行分析;然后扩大了分析的范围,原来只能关注中国工商银行官方服务渠道记录下来的信息,现在能够关注到在互联网上所传播的信息;最后是提升了分析的效率,原来需要员工处理,现在可由机器自动阅读。

4. 客户意见挖掘业务价值

这些技术提升点之后就能在打响的文本反馈当中发现客户的热点意见集中在哪些方面,如果能够对这些客户所反映的共性问题主动发起一些措施,优化业务流程,可以提升客户满意度和客户忠诚度,而另一方面这些来电的投诉量会进一步减少,也就从另一方面降低服务成本,减少了二次被动的服务投入。根据客户意见挖掘业务价值如图 8.4 所示。

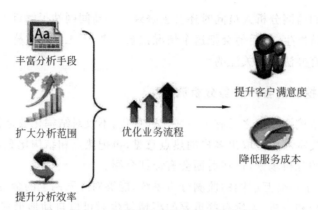

图 8.4　根据客户意见挖掘业务价值

8.1.3　银行风险管理

1. 信用卡账单刷卡数据分析

银行信用卡风险管理如图 8.5 所示。

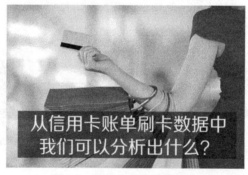

图 8.5　银行信用卡风险管理

对于用户消费行为分析谈得比较多的思路仍然需要首先搞清楚分析目标,然后再根据目标的分析去采集和处理需要的数据信息,即数据分析本身是 KPI 驱动的,那么如果从最原始的数据明细入手,应该如何进行展开和数据维度的拓展?

对于有信用卡的人,收到的信用卡账单往往有如下最简单的消费明细数据。

(1) 消费清单。包括卡号、姓名、消费商家、消费时间和消费金额。

可以看到这个消费明细数据本身是相对简单的,如果不结合其他数据维度,往往单纯地去做统计分析并不会产生太多的意义。任何数据分析都需要结合对原始数据的维度拓展上,维度拓展后整个数据模型会更加丰富,则可以产生多维度的分析和数据聚合。

从上面的消费详细清单数据,简单来看可以进行如下扩展。

(2) 人员信息。包括人员姓名、身份证号、年龄、姓名、职业类型、居住地址和家庭信息。

(3) 商家信息。包括商家名称、商家地址和商家经营类型。

有了人员信息就有第一层拓展,即对数据的聚合可以基于人员属性维度,消费明细数据可以按照消费者性别、年龄段和职业类型等进行聚合。对于人员的识别唯一码不是姓名，而是人员的身份证号码，即通过身份证号码可以对一人多张信用卡的消费数据进行聚合。信用卡账单刷卡数据分析如图 8.6 所示。

图 8.6　信用卡账单刷卡数据分析

有了商家信息，可以根据商家的经营类型对不同类型的消费数据进行聚合。同时可以看到，对于商家详细地址信息本身是无法进行聚合的。那就要考虑在主体对象的属性中的单个属性本身的层次扩展，即地址信息可以进行扩展，即城市—区域—消费区域—商圈—大商场—具体地址。

如果地址有了这个扩展，就可以看到最终的消费数据可以做到按消费区域进行聚合，可以分析某一个商圈或商场的消费汇总数据，而这个数据本身则是从原始消费明细数据中进行模型扩展出来的。

通过这件事情可以看到，任何动态的消费明细数据，必须要配合大量的基础主数据，这些基础主数据可能有表格结构也可能是维度结构，这些数据必须要整理出来并关联映射上详细的消费明细数据。这样，最终的消费数据才容易进行多维度的分析，基于维度的聚合。

消费时间本身也是重要的维度，通过时间可以根据时间段进行数据汇总，同时时间本身可以按年、季度和月逐层展开，也是一种可以层次化展开的结构。同时注意到时间本身还可以进行消费频度的分析，即某一个时间段里面的刷卡次数数据，根据消费频度可以反推到某一个区域本身在某些时间段的热度信息。

如果仅仅是信用卡的刷卡消费清单数据，比较难以定位到具体的商品 SKU 信息上，如果是一个大型超市，则对于详细的用户消费购买数据，还可以明细到具体的商品上，则商品本身的维度属性展开又是可以进行拓展分析和聚合的内容。

数据本身可能具备相关性，刷卡消费的数据往往可以和其他数据直接发生相关性，例如一个地区本身的大事件，一个区域举办的营销活动，从交通部门获取到的某个区域的交通流量数据。这些都可能和最终的消费数据发生某种意义上的相关性。

如果仅仅是从刷卡数据本身，前面谈到可以根据商户定位到商家的经营范围，究竟是餐饮类的还是服装类的。那么根据不同的经营类型可以分别统计刷卡消费数据，然后就可以分析，对于餐饮类的消费金额增加的时候服装类的消费是否会增加，即餐饮商家究竟对一个商场的其他用品的销售有无带动作用等。

对于人员同样的道理,可以分析不同年龄段的人员的消费数据之间是否存在一定的相关性,这些相关性究竟存在于哪些类型的商品销售上等。这些分析将方便人们制定更加有效的针对性营销策略。

2. 信用卡客户价值分析

客户价值分析就是通过数学模型由客户历史数据预测客户未来购买力,这是数据挖掘与数据分析中一个重要的研究和应用方向。RFM 模型是衡量客户价值和客户创利能力的重要工具和手段,是目前国际上最成熟、最通用、最被接受的客户价值分析的主流预测方法。

该模型通过一个客户的近期购买行为、购买的总体频率以及花了多少钱三项指标来描述客户价值状况。

R(Recency,接近度):客户最近一次交易时间的间隔。R 值越大,表示客户交易发生的日期越久,反之则表示客户交易发生的日期越近。

F(Frequency,频率):客户在最近一段时间内交易的次数。F 值越大,表示客户交易越频繁,反之则表示客户交易不够活跃。

M(Monetary,金额):客户在最近一段时间内交易的金额。M 值越大,表示客户价值越高,反之则表示客户价值越低。

1) 预测模型

对银行而言,预测客户未来价值能够使银行将传统的整体大众营销推进到分层差异化营销、一对一差异化营销的高度,对不同的分层客户采取不同的营销模式、产品策略和服务价格,从而推动和促进客户购买交易。

根据 RFM 方法,"客户价值"预测模型为

客户未来价值＝银行未来收益－未来产品成本－未来关系营销费用

对于信用卡客户,定义此处的"未来"是指未来一年(也可以是未来一季度)。"银行收益"包括信用卡年费、商户佣金和逾期利息,以及其他手续费等;"产品成本"即产品研发、维护和服务成本,包括发卡、制卡、换卡和邮寄等费用,以及其他服务费用;"关系营销费用"即关系维护和营销成本,包括商户活动、积分礼品兑换和营销宣传等。

(1) 预测未来收益。由于"银行收益"包括信用卡年费、商户佣金、逾期利息,以及其他手续费等,这里统一称为"购买金额"。因此,"客户未来购买金额"预测模型为

客户未来购买金额＝未来购买频率×未来平均金额×未来购买频率概率×
未来平均金额概率

其中,未来购买频率、未来平均金额、未来购买频率概率、未来平均金额概率均可通过客户购买行为的随机过程模型来描述和求解。对于信用卡客户,"客户购买行为"包括刷卡、透支、取现、支付、分期等,以及客户消费习惯、还款习惯、收入贡献、信用额度、用卡来往区间、逾期时长、进件通路、客户服务和副卡的客户购买行为等。

(2) 预测未来产品成本和关系营销费用。RFM 方法只能预测客户未来购买金额(或银行未来收益情况),却不能预测出未来产品成本和关系营销费用。因此,预测未来产品成本和关系营销费用需要采取其他方法。

首先要明确,未来产品成本和未来关系营销费用并不是随机现象,而是遵循各自发生

的规律;且客户未来关系营销费用服从客户历史关系营销费用与购买金额的比例,即服从关系营销投入产出比。

对于信用卡客户而言,通常以"年"为最小期数进行分析和预测,历史区间和未来区间是连续的,即两者之间无交易期数。所以,未来产品成本和未来关系营销费用的变化符合银行整体产品成本和营销费用的线性拟合回归规律。

因此,对于信用卡客户,"未来产品成本"预测模型为

$$未来产品成本=未来购买金额\times(1-CRM 毛利率)$$
$$CRM 毛利=购买金额-产品成本-关系营销费用$$

2) 客户价值

从以上分析,客户价值=CRM 毛利=购买金额-产品成本-关系营销费用。因此,在完整的客户关系生命周期内(即从建立关系到未流失的最近一次交易),分析客户未来价值的意义远远大于分析客户历史价值,因此通常意义上的客户价值分析就是对客户未来的价值进行分析和预测。

对于预测出的客户未来价值的结果,可按客户价值分层,并将传统的整体大众营销推进到分层差异化营销、一对一差异化营销的高度,其立足点就是客户价值的差异化分析。

通过分析和预测客户未来价值,即可清楚一旦高端客户、大客户流失将会造成未来怎样的利润损失,也可以挖掘出那些临近亏损或负价值的客户,并进行置疑分析,找出对策。但同时也要认识到,即使预测出客户的未来价值较高,也只能说明其价值势能(即潜在购买力)较高,坐等客户主动上门的价值动能(实际购买力)是不现实的,还需要通过其他沟通交流和营销渠道(如短信发送、微博私信、微信和邮件推送等)与客户互动,推动客户追加购买和交叉购买。

通过上述过程将客户群划分在以下三维立方体中。因为有 3 个变量,所以要使用三维坐标系进行展示,X 轴表示 Recency,Y 轴表示 Frequency,Z 轴表示 Monetary,坐标系的 8 个象限分别表示 8 类用户(重要价值客户、重要保持客户、重要发展客户、重要挽留客户、一般价值客户、一般保持客户、一般发展客户和一般挽留客户),如图 8.7 所示。

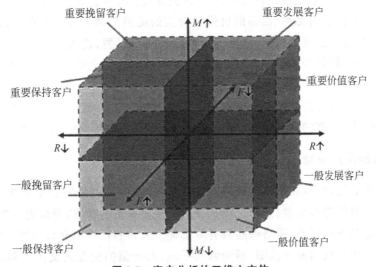

图 8.7　客户分析的三维立方体

接下来可以根据不同的客户价值属性来进行针对性的营销。例如可以对 R 象限右侧的客户(近期购买过产品的客户)进行向上和交叉销售,而对于挽留客户(风险客户)可以发起客户保留市场活动等。

8.2 保险业应用

8.2.1 保险业拥抱大数据时代或带来颠覆性变革

当今,数据已经渗透到每一个行业和业务领域,成为重要的生产因素。人们对于海量数据的挖掘和运用,预示着新一波生产率增长和消费者盈余浪潮的到来。中国的保险销售模式正在酝酿新的变革,互联网、大数据时代的到来给金融业造成的革命性、颠覆性的变化正在发酵,对保险业数据驾驭能力提出了新的挑战,也为保险业的大发展提供了前所未有的空间和潜力。

1. 深入挖掘大数据应用潜质

目前,大多数保险企业都已经认识到大数据改善决策流程和业务成效的潜能,但却不知道该如何入手,部分企业在大数据的时代浪潮下积极探索,成为先行者。2010 年,阳光保险集团建成数据挖掘系统,这在保险行业是第一家。利用该系统,阳光保险集团开展了许多保险大数据智慧应用的项目,获得了一些成果,同时培养出了国内保险行业的第一批数据挖掘师。

大数据应用的关键是理念。思维转变过来,数据就能被巧妙地用来激发新产品和新型服务。举一个利用与不利用数据结果相去甚远的例子:淘宝现有一种运费保险,即淘宝买家退货时产生的退货运费原本由买家承担,如果买家购买了运费保险,退货运费由保险公司来承担。这种购买的结果是保险公司经营亏损很严重,直接导致它们不愿意再发展和扩大运费保险。运费保险真的必然亏损吗?答案是"否"。

保险公司设计一套大数据智慧应用的解决方案:因为退货发生的概率,跟买家的习惯、卖家的习惯、商品的品种、商品的价值和淘宝的促销活动等都有关系,所以,使用以上种种数据,应用数据挖掘的方法,建立退货发生的概率模型,植入系统就可以在每一笔交易发生时,给出不同的保险费率,使保险费的收取与退货发生的概率相匹配,这样运费险就不会亏损了。

在此基础上,保险公司才有可能通过运费险扩大客户覆盖面。由严重亏损到成本控制得当并获取客户,靠的就是通过分析,挖掘大数据所提供的价值,吸引客户。

2. 大数据网络保险时代来临

大数据发展的障碍,在于数据的流动性和可获取性,而网络完美地解决了这个问题。通过网络对大数据进行收集、发布、分析、预测会使决策更为精准,释放更多数据的隐藏价值。与传统保险方式相比,网络保险具有降低保险公司和保险中介机构运营成本,拓展保险公司和保险中介机构业务范围,新型营销手段,有价值的交互式交流工具,提供较高水平的信息服务,为客户提供便捷工具,使客户享受个性化服务,降低保险公司风险,更有效地保护客户隐私以及虚拟化的交易方式等特性。

从产品设计角度来说,大数据时代下的网络保险能最大程度地满足不同客户的个性化需求,网络保险能优化客户的体验,大数据能根据客户需求设计出真正让客户满意的产品和服务,两者结合则完全是以客户为中心的。

从大数据时代的网络销售优势来看,一是大数据时代保险网销具有最广泛的客户群,有最大的发展潜力。二是互联网具有信息量大、传播速度快、透明度高的特点,交易双方信息更为对称。通过建立新型的自动式网络服务系统,保户足不出户就可以方便快捷地从保险公司的服务系统上获取公司背景到具体保险产品的详细情况,还可以自由地选择所需要的保险公司及险种,并进行对比,能获得低价、高效服务。三是节省费用,降低成本。通过网络出售保险或提供服务,保险公司只需支付低廉的网络服务费,从而降低房租、佣金、薪资、印刷费、交通费和通信费等成本的支出。四是数据管理方面的天然优势。保险市场专业化的深入、经营水平的提高、服务品质的提升,都要建立在对数据尤其对客户消费数据的深入挖掘和分析的基础之上。

可见,大数据时代下的网络保险有利于推动营销体制改革。多年来,我国一直以保险代理人作为保险推销体系的主体重点发展,在寿险推销方面形成了以寿险营销员为主体的寿险营销体系。但是,目前这种体制还存在较为突出的问题。因客户缺乏与保险公司的直接交流,会导致营销人员为急于获取保单而一味夸大投保的益处,隐瞒不足之处,给保险公司带来极大的道德风险,为保险业的长远发展埋下隐患。而且,保险营销人员素质良莠不齐,又给保险公司带来极大的业务风险。此外,现有营销机制还存在效率低下的弊端。

因此,在大数据时代下发展网络保险,可以快速便捷地进行信息收集、发布,完美地实现大数法则的精致应用。为公众提供低成本、高效率的保险服务。

3. 网络保险需多项配套支持

一是财政支持。在推进保险公司的信息化进程中,政府可采取诸如信息技术方面的投资部分抵消税收,税前可以预留部分资金用于信息技术改造等一系列措施,激励和推进大数据网络保险信息化进程。

二是培育网络保险集市。网络保险集市就是在网络上提供一个场所,使客户能在这里找到大量的保险公司,方便了解各个公司的基本信息或查询各个保险公司的某一险种的有关信息,并对该险种的优劣进行对比分析,选择最佳的公司进行投保。网络保险集市不仅会给客户带来方便,同时也会扩大保险公司的影响和业务量。因此,保险公司应在保监会和保险协会的组织下,全力支持并在网络保险集市上展示自己,进一步推动我国网络保险集市的发展。

三是建设大数据中心。大数据中心需要保监会和保险行业进行战略性的顶层设计。首先是与我国标准化数据管理中心进行合作,制定出保险业数据标准化的制度。其次是通过5~10年的时间逐步完成行业数据标准化建设。同时设计出非线性能融合关系数据,并能进一步扩展的数据库。此外是设计柔性的框架和接口。通过以上步骤逐步完成我国保险业大数据中心的建设。

四是开发适合的险种。利用网络收集数据形成大数据,利用大数法则设计客户需求的产品,通过网络销售产品,并根据客户反馈进一步修正产品,实现开发与销售完美互动。

五是吸纳优秀人才和对已有员工在职教育。许多保险公司有一个规定,即无论是管理人员还是技术人员都必须完成一定的保险任务。似乎这条规定能为公司增加一点业务量,但是它无形之中就把一些优秀的保险管理人员和技术人员拒之于门外。大数据时代需要一流的管理人才和技术人才,必须破除这条不成文的规定。同时还应该重视对已有员工进行保险专业知识、外语知识和信息技术知识再教育,通过再教育提高公司员工综合素质。

六是责任与自由并举的信息管理。调查显示,66%的被调查者最关心投保后支付保费的转账安全性。消费者对于网络消费的顾虑心理主要集中在对网上交易安全和个人隐私保护的担忧上。因此,网络保险应格外注重网络安全,实现责任与自由的矛盾的和谐统一。

8.2.2 保险欺诈识别

没有核保压力,网销意外险领域更易出现欺诈案件。随着欺诈手法的复杂化,反欺诈也须用到大数据进行智能化反击。除了欺诈案件高发的车险领域,当前,保险欺诈正在向更大领域蔓延,在意外险、互联网保险以及农业保险等诸多领域,保险欺诈也正在显露苗头。

1. 网销意外险更易发生欺诈

深圳保监局日前发布消息称,该地区发生了几起互联网保险欺诈案件,在回复《证券日报》记者采访时,该局称,这几起案件的涉案金额不大,目前尚未结案,因此,目前尚不便公开具体案情。但业界人士认为,互联网保险欺诈风险事实上已经显露出苗头。

此前,安徽保监局也发布消息称,互联网保险存在较大的道德风险,"短意险客户可以通过网络购买不同公司的短期意外险产品,目前已查明个别高风险客户在多个公司累计投保金额超过千万元",安徽保监局在其调研报告中特别强调了网销短期意外险发生的风险,数据也表明,意外险正是目前网销保险最主要的品种。

江苏省公布的江苏十大典型保险欺诈案件中,其中一件即为投保人以本人作为被保险人,投保了1000余万元的人身意外伤害保险。此后,该投保人买来排骨,在剁排骨时故意将自己左手食指近节指端剁断,被鉴定为七级伤残。在到保险公司索赔过程中案发,该投保人被法院以保险欺诈罪(未遂)判处有期徒刑6年,并处罚金5万元。

业内人士认为,实际上,很多保险公司无论是网销意外险还是其他渠道销售该险种,都没有严格的核保流程,也缺乏相应的技术手段了解投保人在其他平台的投保情况,因此,意外险的欺诈风险并非网销渠道专属,不过,对于投保人而言,通过网络购买比其他方式更加方便,也缺少被核保的心理障碍,因此更容易通过这种方式实施保险欺诈。

2. 大数据智能反欺诈兴起

对于保险公司和监管层而言,一方面要解决理赔难问题,另一方面也须遏制保险欺诈。为净化保险环境,遏制保险欺诈,不少地方采取了多种措施,包括不同部门联手打击保险欺诈,建设信息平台杜绝信息孤岛等方式。

"保险公司内控薄弱,是保险欺诈案件时有发生的主要原因。"吉林省保监局在调研报告中指出。为此,各地在反保险欺诈工作中,不仅要求保险公司加强内控,同时,针对保险欺诈涉及人员多等特点,反保险欺诈工作还通常与公安、法院和检察院等部门形成常态合作机制,例如,陕西省就建立并完善了"高风险修理厂数据库""高风险客户数据库"和"高风险从业人员数据库",为保险公司提供预警和服务。

陕西省反保险欺诈中心成立一年,各公司就向中心送报可疑线索 1819 件,涉及金额约 7000 万元;全省公安经侦部门侦破保险欺诈件 29 起,涉案金额 603 万元。因涉嫌保险欺诈,投保人或被保险人主动放弃索赔或公司拒赔案件达 1368 件,为保险公司预防和挽回经济损失达 5531 万元。

上海市保监局面对保险欺诈,充分利用上海市保险业的信息平台技术优势,依托"机动车辆保险联合信息平台""人身险综合信息平台"和"道路交通事故检验鉴定信息系统",推行大数据智能化反保险欺诈工作模式,具体包括利用大数据方式进行风险预警、关联排查以及数据串并,通过这些方式有效打击保险欺诈。近期,上海市保险行业识别并移送了一起勾结二手车商贩、故意制造交通事故的"一条龙"车险团伙欺诈案,经线索串并排查后,案件涉及赔案 60 余起,总金额超过 100 万元,涉及人员 20 余人。该案经公安机关侦破,目前主要犯罪嫌疑人已被判刑。

针对互联网时代的保险监管,江西省保监局提出,传统保险监管无法完全满足互联网保险的监管要求,互联网保险带来的新风险需要专业的风险监测和管控。虚拟网络世界跨省跨地域,需要进一步整合监管资源,保险监管在属地化管理过程中面临跨省监管的问题,需要上下联动、各局配合,委托监管和检查。该局还指出,要加强保险、银行和证券的监管合理,提升监管效能,还需要建立保险业网络征信数据库反保险欺诈。

8.3　证券期货应用

8.3.1　安徽省使用大数据监管证券期货

目前安徽省正在使用大数据"电子眼"对证券期货市场进行监管,60% 的违规运作都是通过大数据抓取发现。

1. 违规证券期货难逃"电子眼"

普通商家的监管有工商的例行检查,但是金融领域的违规不免有一些隐蔽性。这样的隐蔽性如果未被发现,会给投资者带来巨大的经济损失。安徽省正在用科技来破解这一难题。

证券期货公司的各项数据都在系统中,如果有人试图进行违规操作,大数据都会发现。这个大数据系统的违规抓取成功率非常高,"电子眼"并不那么好骗。目前查处的违规行为中,60% 都是来自大数据的发现。

在股市频繁波动的背景之下,安徽省针对违规减持行为,及时采取监管措施,并移送稽查部门查处。同时,加强对证券期货经营机构信用业务、资管业务等核心业务,以及上市公司大股东股权质押风险的监控。目前,安徽省辖区60家公司制定了维护股价稳定方案,31家公司实施了增持,增持总额约13亿元。

2. 融资"倒金字塔"结构正在改变

对于企业融资问题,不同规模的企业或许有着不同的选择。但是,目前安徽省融资渠道不断拓宽,过去的"倒金字塔"结构正在发生变化。

安徽省新增IPO辅导备案企业42家,申报企业9家,8家公司成功上市,全省境内上市公司达到88家,家数超过湖北省,跃居中部第一、全国第九;新三板挂牌企业新增117家,达到162家,家数居全国第九;省股权托管交易中心新增挂牌企业488家、托管企业611家,总数分别达到710家和861家。

全省资本市场完成直接融资358.32亿元,同比增长60%,融资额与我省历史最高水平基本持平(2011年融资358.36亿元)。其中,8家公司IPO,融资40.12亿元;13家上市公司非公开发行股份,融资178.21亿元;59家新三板挂牌公司开展84次定向发行,融资20.41亿元;10家企业发行公司债券,融资91亿元;5项资产支持证券成功发行,融资28.58亿元。

8.3.2　大数据分析挖出基金"老鼠仓"的启示

随着基金"老鼠仓"不断被揪出,大数据监管这个字眼也逐渐被投资者所熟悉。靠大数据这个利器,监管机构对内幕交易的稽查力度越来越大,基金经理变更数量和比例也明显提高。

将大数据分析挖掘应用到证券基金监管中绝对是方向,绝对是远远超越传统监管方式的一把高科技监管利器。对于监管部门利用大数据利器,在挖出基金老鼠仓上小试牛刀却大获全胜的做法给予充分肯定。

证券期货基金市场无论是投资者开户,还是交易;无论是交易场所,还是投资分析;无论是股票期货基金托管,还是交易资金银行第三方存管,所有交易活动完全是网络电子化的。任何投资者只要发生交易活动,都会在网络上留下足迹,并且,这种足迹可以追查寻觅到每一个具体的投资者本人。这就为大数据在资本市场的任何运用奠定了基础,大数据可以在资本市场发挥几乎是无所不能的作用,包括挖出基金"老鼠仓"。

这与传统监管手段完全处于被动地位相比较,简直是一个质的变化和大飞跃。主要区别是传统监管方式是被动的,效率极低,隔墙扔砖头,砸着谁是谁,逮住的是个别的,放走的是大多数。

传统监管方式主要有两种:一种是监管部门人员突然袭击,出现在证券基金公司,让所有人员立即离开,然后在证券基金工作人员计算机中现场检查发现线索;另一种是依靠内部举报。

大数据分析挖出基金"老鼠仓",监管方式是主动的、全面的、高效的,不会放过任何一个"老鼠仓"。大数据用来挖"老鼠仓",主要是基于沪深两大交易所每天的海量数据,根据

"老鼠仓"的主要特征,筛选出若干种最具"老鼠仓"特征的数据指标,在沪深两大交易所海量数据平台上无时无刻进行抓取。

从现有的公开资料来看,监管机构的大数据主要是沪深两大交易所各自掌握的监测系统。主要分为对内部交易的监察、对重大事项交易的监察、联动监察机制和实时监察机制 4 个方面。这套监控系统有大数据分析能力,并有实时报警等功能,主要是对盘中的异常表现进行跟踪和判断。这是传统抓"老鼠仓"方式不可比拟的。传统监管方式就像用一线鱼钩垂钓一样,是被动坐等鱼儿上钩,而借助大数据挖掘分析监管方式,就像向大海中撒了一张大网,一旦有异常情况就可以自动收网。

监管部门必须转变监管思路。过去那种运动式、集中行动式的人海战术监管方式,必须转变为互联网思维、互联网金融和大数据模式的高效主动监管方式。报道说,证监会正在扩大稽查总队的阵容,人数或将在 300 人的基础上再扩编 300 人。动不动就增加人员、采取人海战术的做法还是传统思维在作怪。阿里巴巴小贷完全借助于大数据挖掘,只有 300 多个员工,就给 70 万家小微企业放贷款,累计放贷已经超过 1000 多亿元。这是传统银行不可想象的。拼的是高效、高科技手段的大数据,而不是人海战术。

随着互联网的普及,特别是移动互联网的迅猛发展,所有社会经济文化等活动都将互联网化,都将由线下搬上网络。这就意味着无论是自然人、社会人还是法人的所有足迹都将广泛、越来越多地在网络上留下印记和足迹。通过大数据对这些足迹进行挖掘,将会挖出一座大金矿。

大数据挖出最大"老鼠仓"启示人们,大数据不仅具有商业挖掘价值,而且也是监管经济金融活动甚至是反腐败的利器。官员及其家属亲朋好友的通信、经济活动、财富存款、消费社会足迹等都可以通过大数据挖掘出来。例如,银行、证券和基金等系统已经比较完善,未来不动产也将全国联网,这就将使得官员及其家属亲朋好友的一切家庭个人财务活动都将在网络上通过大数据分析可以挖掘出来,一旦发生异常,就将成为发现腐败的重要线索。

总之,大数据挖出最大"老鼠仓"启示人们,大数据应该尽快上升到国家战略,作为重大科技项目全力推进。不仅仅是为了大数据科技和经济,也是反腐败的利器,具有重要政治价值。

8.4　金融行业应用

8.4.1　大数据决定互联网金融未来

互联网金融不是互联网和金融的简单叠加,更深层次的变化是,一些基于互联网应用的特有技术,推动了新的商业模式、产品、服务、功能在金融业内出现,金融体系随之经历着新的变革。大数据就是其中的典型代表,它也被视为推动互联网金融发展的重要驱动力之一。

金融业是大数据的重要产生者,交易、报价、业绩报告、消费者研究报告、官方统计数据公报、调查、新闻报道无一不是数据来源。但反过来,大数据对于互联网金融发展的助推作用也逐渐浮现。

1. 目标用户拼精准

大数据对于互联网金融的第一个助推作用在于寻找合适的目标用户,实现精准营销。

互联网金融领域的新创企业或做贷款,或卖产品,凭借高额收益率、手续费优惠,吸引用户选择自己。出现了一种个人对个人(又称为点对点)的网络借款形式,即P2P(Peer to Peer Lending)形式,这是一种将小额资金聚集起来借贷给有资金需求人群的一种民间小额借贷模式。借助互联网、移动互联网技术的网络信贷平台及相关理财行为、金融服务。

然而,在越来越多同类企业吹响混战号角的同时,互联网金融企业也不得不面对来自同行业的竞争。盲目扩张,产品单一,使得竞争力不强的互联网金融企业,由于不能保证稳定流量、无法留住客户而倒闭,成为行业的"炮灰"。以互联网金融领域的P2P业务为例,最短命的P2P企业创立2天就倒闭了。

在巨大市场压力面前,许多互联网金融企业都已意识到自身产品的营销策略很大程度上影响了企业的生存与发展。欲在竞争激烈的市场中占有一席之地,互联网金融企业需要更精准地定位产品,并推送给目标人群。

谁是潜在的购买者?如何找到他们并让他们产生兴趣?

精准营销的实现程度是互联网金融企业存活与崛起的关键所在,这个领域虽然未达到成熟的发展状态,但确实已经有了一些有参考价值的营销案例。大数据在为这些互联网金融企业找到自己的目标客户,并解决精准营销的问题上发挥了重要作用。大数据通过动态定向技术查看互联网用户近期浏览过的理财网站,搜索过的关键词,通过浏览数据建立用户模型,进行产品实时推荐的优化投放,直击用户所需。

2. "芝麻信用"控风险

大数据在加强风险可控性,支持精细化管理方面助推了互联网金融,尤其是信贷服务的发展。

通过分析大量的网络交易及行为数据,可对用户进行信用评估,这些信用评估可以帮助互联网金融企业对用户的还款意愿及还款能力做出结论,继而为用户提供快速授信及现金分期服务。

事实上一个人或一个群体的信用好坏取决于诸多变量,如收入、资产、个性和习惯等,且呈动态变化。可以说数据在个人信用体系中体现为"芝麻信用",它便于解决陌生人之间以及商业交易场景中最基本的身份可信性问题,以及帮助互联网金融产品和服务的提供者识别风险与危机。这些数据广泛来源于网上银行、电商网站、社交网络、招聘网、婚介网、公积金社保网站、交通运输网站和搜索引擎,最终聚合形成个人身份认证、工作及教育背景认证和软信息(包括消费习惯、兴趣爱好、影响力和社交网络)等维度的信息。

支付宝的大数据服务部负责人以支付宝的用户数据举例,目前支付宝有3亿多名实名认证用户,他们的上网足迹提供了涵盖购物、支付、投资、生活和公益等上百种场景数据,每天产生的数据相当于5000个国家图书馆的信息量。当人们在淘宝、天猫等电子商务平台上进行消费时就会留下信用数据,当这些信息积累到一定程度,再结合交易平台上的个人信息、口碑评价等进行量化处理后,就能形成用户的行为轨迹,这对还原每一个人的信用有相当大的作用。

同时,通过交叉检验技术,辅以第三方确认客户信息的真实性,以及开发网络人际爬虫系统,突破地理距离的限制,可以更全面、更客观地得到风险评估结论,从而加强互联网金融服务风险的可审性与管理力度。

毫无疑问,大数据将在互联网金融行业中大展身手,但大数据只是分析工具,是人类设计的产物,不应过分迷信。以 P2P 借贷行业为例,目前借贷业务不仅需要网络审核,更需要线下审核,信贷员的从业经验和责任心是信贷安全的重要保障。

另外,除了个别企业外,大部分互联网金融企业目前的用户规模和交易额都不大,缺乏大数据基础,也无力承担所需的基础设施和处理成本。在互联网金融的发展过程中,如何发挥大数据的优势,避免其劣势,将决定互联网金融的未来。

3. 6 种可用于互联网金融风险控制(征信)的大数据来源

近年来,以第三方支付、P2P 平台、众筹为代表的互联网金融模式引起了人们的广泛关注,该模式大量运用了搜索引擎、大数据、社交网络和云计算等技术,有效降低了市场信息的不对称程度,大幅节省了信息处理的成本,让支付结算变得更便捷,达到了同资本市场直接融资、银行间接融资一样高的资源配置效率。但由于我国互联网金融出现的时间短、发展快,目前还没有形成完善的监控机制和信用体系,一旦现有互联网金融体系失控,将存在巨大的风险。

首先是信用风险大。目前我国信用体系尚不完善,互联网金融的相关法律还有待配套,互联网金融违约成本较低,容易诱发恶意骗贷、卷款跑路等风险问题。特别是 P2P 网贷平台由于准入门槛低和缺乏监管,成为不法分子从事非法集资和诈骗等犯罪活动的温床。

其次是网络安全风险大。我国互联网安全问题突出,网络金融犯罪问题不容忽视。一旦遭遇黑客攻击,互联网金融的正常运作会受到影响。

互联网金融企业通过获得多渠道的大数据原料,利用数学运算和统计学的模型进行分析,从而评估出借款者的信用风险,在进行数据处理之前,对业务的理解、对数据的理解非常重要,这决定了要选取哪些数据原料进行数据挖掘,在进入"数据工厂"之前的工作量通常要占到整个过程的 60% 以上。

目前,可被用于助力互联网金融风险控制的数据存在多个来源。

一是电商大数据。以阿里巴巴为例,它已利用电商大数据建立了相对完善的风险控制数据挖掘系统,并通过旗下阿里巴巴、淘宝、天猫和支付宝等积累的大量交易数据作为基本原料,将数值输入网络行为评分模型,进行信用评级。

二是信用卡类大数据。此类大数据以信用卡申请年份、通过与否、授信额度、卡片种类和还款金额等都作为信用评级的参考数据。

三是社交网站大数据。企业基于社交平台上的应用搭建借贷双方平台,并利用社交网络关系数据和朋友之间的相互信任聚合人气,平台上的借款人被分为若干信用等级,但是却不必公布自己的信用历史。

四是小额贷款类大数据。目前可以充分利用的小贷风险控制数据包括信贷额度和违约记录等。由于单一企业信贷数据的数量级较低、地域性较强，业内共享数据的模式已逐步被认可。

五是第三方支付大数据。支付是互联网金融行业的资金入口和结算通道，此类平台可基于用户消费数据做信用分析，支付方向、月支付额度、消费品牌都可以作为信用评级数据。

六是生活服务类网站大数据。这类数据包括水、电、煤气和物业费交纳等，此类数据客观真实地反映了个人基本信息，是信用评级中一种重要的数据类型。

8.4.2 移动大数据在互联网金融反欺诈领域的应用

1. 移动大数据的商业价值

在 PC 互联网时代，百度公司、阿里巴巴集团和腾讯公司三大互联网公司处于市场领先地位。不管用户是否喜欢 BAT，其网站仍然在那里。但是在移动互联网时代，如果一个用户不喜欢这个应用，就可以在 2 秒内删掉这个 App，彻底中断和它的连接，无论其是不是 BAT。在移动互联网时代，选择权转向用户，消费者将成为数字世界的中心。过去以品牌为中心的消费形式，将会转变为以消费者为中心的消费形式。

智能手机上安装的 App 和 App 使用的频率，可以代表用户的喜好。例如喜欢理财的客户，其智能手机上一定会安装理财 App，并经常使用；母婴人群也会安装和母婴相关的 App，频繁使用；商旅人群使用商旅 App 的频率一定会高于其他移动用户。未来 80后、90 后将成为社会的主要消费人群，他们的消费行为将会以移动互联网为主，App 的安装和活跃数据更加能够反映出年轻人的消费偏好。

智能手机设备的位置信息代表了消费者的位置轨迹，这个轨迹可以推测出消费者的消费偏好和习惯。在美国，移动设备位置信息的商业化较为成熟，GPS 数据正在帮助很多企业进行数据变现，提高社会运营效率。在中国，移动大数据的商业应用刚刚开始，在房地产业、零售行业、金融行业和市场分析等领域取得了一些效果。

特别是在互联网金融领域的应用，移动大数据正在帮助互联网金融企业实施反欺诈，降低恶意诈骗给互联网金融企业带来的损失。

2. 恶意欺诈成为互联网金融的主要风险

近几年，互联网金融爆发式发展，预计 2015 年 P2P 的交易总额将会超过 1 万亿元，将成为具有影响力的产业。最近几年，大量的金融行业专业人士和传统产业资本进入到互联网金融领域，表明这个产业的生命力正在不断增强，有的 P2P 企业的年交易额已经突破百亿元，有的 P2P 企业估值也超过了 15 亿美元。

但是在 P2P 行业，其面对的风险也在加大，除了传统的信用风险外，其外部欺诈风险正在成为一个主要风险。有的公司统计过，带给公司的最大外部风险不是借款人的坏账，而是犯罪集团的恶意欺诈。网络犯罪正在成为公司面临的主要威胁之一，甚至在一些公司，恶意欺诈产生的损失占整体坏账的 60%。很多 P2P 公司将主要精力放在如何预防恶意方面。高风险客户识别和黑名单成为预防恶意欺诈的主要手段。

3. 移动大数据在反欺诈领域的应用

移动大数据中的位置信息代表了用户轨迹,商业应用较早。

1) 用户居住地的辨别

线上的欺诈行为具有较高的隐蔽性,很难识别和侦测。P2P 贷款用户很大一部分来源于线上,因此恶意欺诈事件发生在线上的风险远远大于线下。中国的很多数据处于封闭状态,P2P 公司在客户真实信息验证方面面临较大的挑战。

移动大数据可以验证 P2P 客户的居住地点,例如某个客户在利用手机申请贷款时,填写自己的居住地是上海。但是 P2P 企业依据其提供的手机设备信息,发现其过去 3 个月从来没有居住在上海,这个人提交的信息可能是假信息,发生恶意欺诈的风险较高。

移动设备的位置信息可以辨识出设备持有人的居住地点,帮助 P2P 公司验证贷款申请人的居住地。

2) 用户工作地点的验证

借款用户的工作单位是用户还款能力的强相关信息,具有高薪工作的用户,其贷款信用违约率较低。这些客户成为很多贷款平台积极争取的客户,也是恶意欺诈团伙主要假冒的客户。

某个用户在申请贷款时,如果声明自己是工作在上海陆家嘴金融企业的高薪人士,其贷款审批会很快并且额度也会较高。但是 P2P 公司利用移动大数据,发现这个用户在过去的 3 个月里面,从来没有出现在陆家嘴,大多数时间在城乡结合处活动,那么这个用户恶意欺诈的可能性就较大。

移动大数据可以帮助 P2P 公司在一定程度上来验证贷款用户真实工作地点,降低犯罪分子利用高薪工作进行恶意欺诈的风险。

3) 欺诈聚集地的识别

恶意欺诈往往具有团伙作案和集中作案的特点。犯罪团伙成员常常会集中在一个临时地点,雇一些人短时间内进行疯狂作案。

大多数情况下,多个贷款用户在同一个小区居住的概率较低,同时贷款的概率更低。如果 P2P 平台发现短短几天内,在同一个 GPS 经纬度,出现了大量贷款请求。并且用户信息很相似,申请者居住在偏远郊区,这些贷款请求的恶意欺诈可能性就较大。P2P 公司可以将这些异常行为定义为高风险事件,利用其他信息进一步识别和验证,降低恶意欺诈的风险。

移动设备的位置信息可以帮助 P2P 公司,识别出现在同一个经纬度的群体性恶意欺诈事件,降低不良贷款发生的概率。

4. 高风险贷款用户的识别

高风险客户也是 P2P 企业的一个风险。高风险客户的定义比较广泛,除了信用风险外,贷款人的身体健康情况也是一个重要参考。移动大数据的位置信息、安装的 App 类型、人们对 App 的使用习惯,在一定程度上反映了贷款用户的高风险行为。

P2P 企业可以利用移动设备的位置信息，了解过去 3 个月用户的行为轨迹。如果某个用户经常在半夜 2 点出现在酒吧等区域，并且经常有飙车行为，这个客户定义成高风险客户的概率就较高。移动 App 的使用习惯和某些高风险 App 也可以帮助 P2P 企业识别出用户的高风险行为。如果用户经常在半夜 2 点频繁使用 App，经常使用一些具有较高风险的 App，其成为高风险客户的概率就较大。

当用户具有以上危险行为时，其身体健康就面临较大的威胁，P2P 企业可以参考移动数据，提高将客户列为高风险客户的概率，拒绝贷款或者提前收回贷款。降低用户危险行为导致坏账的风险。

移动大数据在预防互联网恶意欺诈和高风险客户识别方面，已经有了成熟的应用场景。国内许多公司已经开始利用大数据，预防互联网恶意欺诈和识别高风险客户，并取得了较好的效果。移动大数据应用场景正在被逐步挖掘出来，未来移动大数据商业应用将更加广阔。

8.5　大数据应用案例：网民睡眠面面观

下面整合了一些数据分析下国人衣食住行的真实情况，大数据下的中国网民或许会令你大吃一惊！

睡眠是生命中最珍贵的事，我们通过大数据分析发现国人的几个怪现象：南方人比北方人更爱熬夜，单身比恋爱中的人睡的时间更长等。QQ 人数据发布的《网民睡眠质量报告》显示，"中国睡眠指数"的总得分为 66.5 分，较去年的 64.3 分提升了 2.2 分，表明我国居民整体睡眠状况呈现向好发展趋势。但其中超过三成（36.2%）居民的得分低于及格线（60 分），这也说明了国人的睡眠状况两极化趋势渐现：整体来看，人们开始享受舒适的睡眠，但同时也有更多的人饱受睡眠障碍的困扰，如图 8.8 所示。

图 8.8　南方人比北方人更爱熬夜

一线城市网民睡眠时间最少，仅为 6.95 小时，熬夜用户占 20.9%。据统计，即使是在最爱睡的城市呼和浩特，平均睡眠也只有 7.33 小时，没有达到 8 小时。

相比女性,男性熬夜时间更长,较女性高了 4.7％。就年龄段而言,90 后的熬夜能力是最长的,达到了人数的 31.5％,果然是年轻气盛啊!

热恋中的人平均比单身的人多睡 18 分钟,如图 8.9 所示。

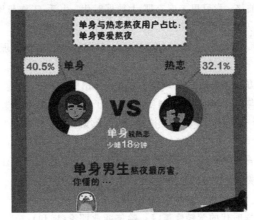

图 8.9　单身熬夜时间更长

在睡姿统计中,不同地域的人往往会选择不同的睡姿。可能睡姿也一定程度上暴露了性格,豪放的"东北爷们"最爱熊抱睡,如图 8.10 所示。

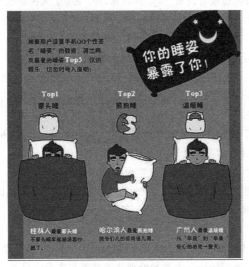

图 8.10　不同地域的人往往会选择不同的睡姿

由于历史等各方面原因,南北方人在身高、饮食等各个方面都有不小的差异,没想到连睡觉时间都不一样。南方人的熬夜指数比北方大约高 5％。

手机等电子产品的普及和发展进一步"偷"走了用户的时间。很多人熬夜上网,玩游戏、看小说,对身体有极大的危害。5 年来,熬夜人数上升了 8％,平均睡眠时间也下降了约 1 小时,由原来的 8.1 小时降到 7.05 小时。

睡眠和健康是直接相关的,在科技爆炸的时代,睡眠时间和质量越来越受人关注,建议国人还是要减少熬夜,保持身体健康。

参 考 文 献

[1] 维克托·迈尔-舍恩伯格，肯尼思·库克耶.大数据时代：生活、工作与思维的大变革[M].盛杨燕，周涛，译.杭州：浙江人民出版社，2012.

[2] 董西成.Hadoop 技术内幕：深入解析 MapReduce 架构设计与实现原理[M].北京：机械工业出版社，2013.

[3] 王星.大数据分析：方法与应用[M].北京：清华大学出版社，2013.

[4] 赵刚.大数据：技术与应用实践指南[M].北京：电子工业出版社，2013.

[5] 比约·布劳卿，拉斯·拉克，托马斯·拉姆什.大数据变革：让客户数据驱动利润奔跑[M].沈浩，译.北京：清华大学出版社，2013.

[6] 杨巨龙.大数据技术全解：基础、设计、开发与实践[M].北京：电子工业出版社，2014.

[7] 埃里克·西格尔.大数据预测[M].周昕，译.北京：中信出版社，2014.

[8] 赵伟.大数据在中国[M].北京：清华大学出版社，2014.

[9] 哈佛商业评论.大数据时代的营销变革[J].哈佛商业评论(增刊)，2014.

[10] Thomas Erl，Zaigham Mahmood，Ricardo Puttini.云计算：概念、技术与架构[M].北京：机械工业出版社，2014.

[11] 李军.大数据：从海量到精准[M].北京：清华大学出版社，2014.

[12] 伊恩·艾瑞斯.大数据思维与决策[M].宫相真，译.北京：人民邮电出版社，2014.

[13] 西蒙.大数据应用：商业案例实践[M].邓煜熙，漆晨曦，张淑芳，译.北京：人民邮电出版社，2014.

[14] 陈明.大数据概论[M].北京：科学出版社，2014.

[15] 赵勇.架构大数据：大数据技术及算法解析[M].北京：电子工业出版社，2015.

[16] 莱斯科夫，拉贾拉曼.大数据：互联网大规模数据挖掘与分布式处理[M].王斌，译.2 版.北京：人民邮电出版社，2015.

[17] 菲尔·西蒙.大数据可视化：重构智慧社会[M].漆晨曦，译.北京：机械工业出版社，2015.

[18] 刘鹏.云计算[M].3 版.北京：电子工业出版社，2015.

[19] 王宏志.大数据算法[M].北京：清华大学出版社，2015.

[20] 李俊杰，石慧，谢志明，等.云计算和大数据技术实战[M].北京：人民邮电出版社，2015.

[21] 林子雨.大数据技术原理与应用：概念、存储、处理、分析与应用[M].北京：人民邮电出版社，2015.

[22] 林伟伟，刘波.分布式计算、云计算与大数据[M].北京：机械工业出版社，2015.

[23] 安俊秀，王鹏，靳宇倡.Hadoop 大数据处理技术基础与实践[M].北京：人民邮电出版社，2015.

[24] 中国计算机学会大数据专家委员会.中国大数据技术与产业发展白皮书(2013).

[25] 中国电子信息产业发展研究院.2015 大数据白皮书.

图书资源支持

感谢您一直以来对清华版图书的支持和爱护。为了配合本书的使用，本书提供配套的资源，有需求的读者请扫描下方的"书圈"微信公众号二维码，在图书专区下载，也可以拨打电话或发送电子邮件咨询。

如果您在使用本书的过程中遇到了什么问题，或者有相关图书出版计划，也请您发邮件告诉我们，以便我们更好地为您服务。

我们的联系方式：

地 址：北京市海淀区双清路学研大厦 A 座 701

邮 编：100084

电 话：010-83470236 010-83470237

资源下载：http://www.tup.com.cn

客服邮箱：2301891038@qq.com

QQ：2301891038（请写明您的单位和姓名）

资源下载、样书申请

书圈

扫一扫，获取最新目录

课程直播

用微信扫一扫右边的二维码，即可关注清华大学出版社公众号"书圈"。